U0320906

菌类园艺工培训教程

郑殿有 王 平 吕春和 主编

中国农业科学技术出版社

图书在版编目(CIP)数据

菌类园艺工培训教程/郑殿有,王平,吕春和主编.
—北京:中国农业科学技术出版社,2014.5
ISBN 978-7-5116-1594-7

Ⅰ.①菌… Ⅱ.①郑…②王…③吕… Ⅲ.①食用菌—
蔬菜园艺—技术培训—教材 Ⅳ.①S646
中国版本图书馆 CIP 数据核字(2014)第 064352 号

责任编辑 崔改泵
责任校对 贾晓红

出 版 者 中国农业科学技术出版社
　　　　　　北京市中关村南大街 12 号　邮编:100081
电　　话 (010)82109194(编辑室)　(010)82109702(发行部)
　　　　　　(010)82109709(读者服务部)
传　　真 (010)82106650
网　　址 http://www.castp.cn
经 销 者 各地新华书店
印 刷 者 北京华正印刷有限公司
开　　本 850mm×1 168mm　1/32
印　　张 5.375
字　　数 145 千字
版　　次 2014 年 5 月第 1 版　2015 年 7 月第 3 次印刷
定　　价 18.00 元

编　委　会

前　言

食用菌是"健康食品",其产业规模越来越大,已经作为国际性的标志性产业,具有十分广阔的发展前景,产业发展的效益空间也十分巨大。我国食用菌产业的发展有着优越的地理优势和资源优势,在国际市场上具有很强的竞争力。

食用菌产业作为中国农业的传统产业,积累了丰富的实践经验和先进的技术手段,特别是国家对农业的政策支持,规模化、工厂化的食用菌新兴产业备受重视,发展势头迅猛。在新的历史条件下,食用菌已发展为新兴产业,是高效农业、特色农业、生态农业,是培养职业农民的一项好产业。加快食用菌产业的特色发展进程,在可持续发展中进一步提高食用菌产业竞争力,这也是我国农业实现可持续发展的必由之路。

以党的"十七大"和中央1号文件精神为指导,坚持以科学发展观为统领,以市场需求为导向,以农村青壮年劳动力为对象,以提高农业劳动者技能和就业能力为重点,以培养职业农民和增加农业劳动者收入为目标,中共中央决定开展多渠道、多层次和多形式的农村劳动力科技培训,不断提升农村劳动力科技素质和市场竞争力,稳步推进职业农民发展进程,实现劳务经济跨越式发展,推动城乡经济统筹协调发展和社会主义新农村建设。

为进一步提高阳光工程培训质量和设施农业标准化生产技能,结合菌类园艺工职业标准及我国目前食用菌产业发展状况,规范食用菌生产人员的职业要求、基本技能、创业素质,推动我国食用菌产业规范化、科学化、标准化,促进我国食用菌产业可持续发展,组织有关人员编写了《菌类园艺工培训教程》一书。

《菌类园艺工培训教程》结合食用菌生产人员创业必备技能,重点讲述共性知识,对各种食用菌的讲述较少,本文只列举了香菇、平菇、双孢菇、木耳等4种菌类的生产技术。

本书共分10章,分别介绍了"菌类园艺工"的工种分类、岗位职责及素质要求,"菌类园艺工"的各工种申报条件和鉴定程序,食用菌产业概况,食用菌生物学基本知识,食用菌菌种生产,食用菌病虫害及其杂菌防治以及香菇、平菇、双孢菇、木耳等生产技术。编著时借鉴了营销学知识与技能,力求具有本地的适应性、操作规范性强等地区特点。可作为与本地区具有相似特点的农业劳动者创业培训教材,也可作为"菌类园艺工"培训教材和其他相关专业的选修课教材。

本书由辽宁省宽甸县农广校郑殿有等同志编写。

限于编者水平有限,加之编写时间仓促,教材中错误和疏漏之处在所难免,敬请予以指正。

编　者
2014年3月

目　录

第一章 菌类园艺工的岗位职责与素质要求

菌类园艺工在食用菌菌种生产和规模化栽培、规范化管理、标准化生产和专业化经营中起着不可替代的作用。是实现农业持续健康发展、保障食品安全的源头,在服务"三农"方面承担重要职责,是生产无公害绿色食品和有机食品的重要技术人才,从保健和健康的角度看,需要培养一大批具有特定素质的从事菌类生产的岗位人员和职业农民,为社会创造更多的优质健康食品。

一、菌类园艺工的工种分类

菌类园艺工在劳动和社会保障部职业技能鉴定中心公布的职业工种中,列在第五大类,属农业类。菌类园艺工职业工种统一编码是501030400,下设三个工种:食用菌菌种工、食用菌生产技术指导员和食用菌生产工。职业工种代码分别是501030401,501030402,501030403。各个工种又分出不同级别,一般分为3个等级,分别为初级(国家职业资格五级)、中级(国家职业资格四级)、高级(国家职业资格三级),以食用菌生产工为例:有初级食用菌生产工、中级食用菌生产工、高级食用菌生产工。有的工种还有技师(国家职业资格二级)、高级技师(国家职业资格一级)等级别。

目前,菌类园艺工所从事的产业主要是食用菌类,我们习惯称为食用菌产业。鉴定的工种也主要是食用菌生产工,有部分是食用菌菌种工。

二、食用菌产业概况

(一)国际食用菌产业发展概况

欧美发达国家的食用菌产业从 20 世纪初开始起步,20 世纪 30～70 年代的 50 年是其快速发展期,80 年代至 21 世纪初期的 20 年时期属稳定停滞期,可以说 20 世纪 30 年代至 21 世纪初的 80 年,食用菌产业的重点在欧美发达国家。20 世纪 60 年代开始逐渐向东方转移,始于日本香菇的段木栽培,70 年代日本开始的工厂化栽培,80 年代我国食用菌产业大发展的启动,90 年代后期越南、泰国、印度等国食用菌产业的兴起,特别是我国从 20 世纪 80 年代以来 30 年的持续发展,加快了食用菌产业从西方向东方的转移。食用菌产业已经转移到以我国为主的东方,成为不争的事实。

在多数处于农业国的亚洲各国,食用菌产业劳动密集的特点,使得其由工业化程度高的国家向工业化程度低的国家转移。在亚洲,经济较发达的日本、韩国已经 10 年几乎没有增长或少许的增长,中国台湾已经由 20 世纪 70 年代双孢蘑菇出口 10 万吨逐渐萎缩到近年仅供内销的 2 000 吨左右;香菇也从 20 世纪 80 年代的 6 万吨减到目前的 2 000～3 000 吨。

未来亚洲食用菌产业的快速发展,除我国外,还将有越南、泰国、印度和马来西亚等。

(二)我国食用菌产业发展概况

食用菌产业现已成为中国农业中的一个重要产业,我国是一个农业大国。食用菌产业现已成为中国农业中的一个重要产业,是种植业中仅次于粮、棉、油、果、菜的第六大类产品。中国农作物秸秆年积累量约 3.7 亿吨,林副产品产量上亿吨。丰富的农林废料为食用菌产业的发展提供了充足的原料,且劳动力资源丰富。食用菌产业已成为中国农业中的一个重要产业。据统计,2006 年全国食用菌产量达到 1 400 万吨,占全球产量的 70%,总产值在全国种植业中仅次于粮、棉、油、果、菜,居第六位,占全球总产值的 70% 以上,产值 590 亿元,出口创汇 11.2 亿美元,综合产值达 1 300 亿元(含餐饮及深加工),安置和转移农村富余劳动力、矿区失地农民、林区转产工人 2 500 万人。食用菌生产是我国农林经济中具有较强活力的新兴产业,也成为贫困地区农民脱贫致富的重要途径。

食用菌产业在发展我国农村经济、帮助农民脱贫致富、开发新的食品和药品资源、保障人民健康等方面作出了重要贡献。由于具备发展食用菌产业的得天独厚的条件,中国食用菌产业发展迅猛,现已成为世界上第一食用菌生产大国。目前,中国食用菌年产量占世界总产量的 65% 以上,出口量占亚洲出口总量的 80%,占全球贸易的 40%。2002 年中国食用菌产量为 867 万吨,加工后的总产值408 亿元。

中国的食用菌重点产区主要分布在黑龙江、辽宁、河北、河南、山东、浙江、江苏、福建、广东和四川等省。全国有 2 个省年产量超过 100 万吨,3 个省超过 50 万吨,6 个省超过 30 万吨,4 个省超过10 万吨。但是,全国食用菌的生产发展很不平衡,西部地区发展尤为缓慢。全国最大食用菌生产基地是福建省古田县,该县食用菌生产量大,出口量为全国之冠,是中国食用菌之都。尤其是银耳(白木耳)产量占全世界的 90%。

三、菌类园艺工岗位职责

菌类园艺工应了解国内外食用菌产业发展概况,把握食用菌市场信息,熟悉并遵循无害化生产原则,能够熟练进行食(药)用菌的菌种培养、菌种保藏、栽培场所的建造、培养料的准备以及菌类的栽培管理和采收等项工作,岗位职责可概括为两个方面。

(一)做好食用菌生产工作

菌类园艺工,要根据本地气候资源、农业生产实际,因地制宜大力发展适合本地区的食用菌产业。努力使之成为当代高效农业、生态农业、特色农业和创汇农业。

发展特色食用菌。生态食用菌产业,把食用菌资源的充分利用和当地的自然生态环境融为一体,最终实现食用菌产业的可持续发展;创汇食用菌,应瞄准国际食用菌市场,栽培一些有创汇能力的食用菌产品;有机食用菌,应加强有机食用菌产品的开发,使食用菌品种多样化、产品安全化;休闲食用菌产业,把食用菌的生产与旅游观光、采摘自食等综合开发结合起来,加强食用菌的文化底蕴;发展食用菌的精深加工产业,经过加工,实现食用菌增值,开发和研制食用菌功能性保健食品。

(二)做好食用菌产品的营销业务

要把营销作为一个有序过程,对顾客的需求进行咨询服务,开展深入食用菌市场调查。菌种和菌品质量都要按照行业标准进行检验,菌品要建立注册商标,树立名牌意识。在市场激烈竞争中,产品质量决定了生产效益和生死存亡。我国食用菌产品须从源头抓起,尽快建立健全食用菌综合标准体系,包括产品标准、生产技术标准及管理控制标准。对有出口前景种类,标准的制定要与国际接轨。对食用菌无公害栽培技术研究及相应的建立生产标准和加工体系要引起足够的重视,在详细了解各进口国(地区)的确切条文之后,从原材辅料、菌种选择、病虫防治,直到生产管理、加工包装以及贮存运输等环节,实施标准化生产,严格管理,以保证进入市场的产品质量无可挑剔;同时,要控制农药及含有重金属等污染物的材料在食用菌生产上应用。对于出口欧洲的食用菌产品,还要控制或杜绝使用转基因材料,否则出口可能受阻。

四、菌类园艺工素质要求

作为一名合格的菌类园艺工,应具备扎实的本工种的基本理论知识、业务能力和一定的法律基础知识、食(药)用菌业成本核算知识以及安全生产知识等。

(一)思想素质

(1)安全生产知识。安全生产知识主要包括以下内容:①实验室、菌种生产车间、栽培试验场、产品加工车间的安全操作知识;②安全用电知识;③防火、防爆安全知识;④手动工具与机械设备的安全使用知识;⑤化学药品的安全使用与贮藏知识。

(2)有关法律基础知识。菌类园艺工在掌握以上安全生产知识的同时,还应具备有关法律法规的基础知识。有关法律法规包括以下内容:①《中华人民共和国种子法》;②《中华人民共和国森林法》;③《中华人民共和国环境保护法》;④《全国食用菌菌种暂行管理办法(食用菌标准汇编)》;⑤《中华人民共和国食品卫生法》;⑥《中华人民共和国劳动法》。

(二)菌类园艺工应具备的技术业务素质

主要包括微生物学基础知识、食(药)用真菌的基础知识、基本技能和成本核算知识。

(1)菌类园艺工应具备以下微生物学基础知识:①微生物的概念与微生物类群;②微生物的分类;③细菌、酵母菌、真菌、放线菌的生长特点与规律;④消毒、灭菌和无菌操作;⑤微生物的生理。

(2)菌类园艺工应具备以下食(药)用真菌基础知识:①食(药)用菌的概念、形态和结构;②食(药)用菌的分类;③常见食(药)用菌的生物学特性;④食(药)用菌的生活史;⑤食(药)用菌的生理;⑥食(药)用菌的主要栽培方式。

(3)为了做好本职工作,菌类园艺工在掌握上述基础知识的同时,还应掌握以下基本技能:①食(药)用菌类的菌种培养、菌种保藏与菌种鉴定;②栽培场所的选择与建造;③培养料的制备;④消毒、灭菌与人工接种;⑤常见食(药)用菌的栽培管理和采收。

(4)为了不断提高食用菌产业优质高效的生产水平,在遵循无害化栽培的前提下,食(药)用菌园艺工必须具有以下成本核算知识。①食(药)用菌的成本概念;②食(药)用菌干、鲜品的成本核算;③食(药)用菌加工产品的成本计算。

第二章 菌类园艺工的职业技能鉴定过程

一、菌类园艺工的职业定义

在国家职业标准中被定义为：从事食、药用菌等菌类的菌种培养、保藏，培养场所的建造，培养料的准备以及菌类的栽培管理、采收、加工、储藏的人员。设置为初级、中级、高级（技师、高级技师）等级别。提出了本职业各技术等级人员的工作能力规范性要求，为职业技能培训、鉴定和人力资源管理提供了基本依据。

二、菌类园艺工的申报条件

申报条件：从事或准备从事食、药用菌等菌类的菌种培养、保藏、培养场所的建造，培养料的准备以及菌类的栽培管理、采收、加工、储藏的人员，受过食用菌相关知识的培训，具备相应申报资格者均可申报。各等级人员申报条件如下。

申报初级（具备以下条件之一者）：

（1）经本职业初级正规培训达到规定标准学时数，并取得毕业（结业）证书；

（2）在本职业连续工作1年以上；

（3）从事本职业学徒期满。

申报中级（具备以下条件之一者）：

（1）取得本职业初级职业资格证书后，连续从事本职业工作2年以上，经本职业中级正规培训达到规定标准学时数，并取得结业证书。

(2)取得本职业初级职业资格证书后,连续从事本职业工作4年以上;

(3)连续从事本职业工作5年以上;

(4)取得经劳动保障行政管理部门认定的、以中级技能培养为目标的中等以上职业学校本职业(专业)毕业证书。

申报高级(具备以下条件之一者):

(1)取得本职业中级职业资格证书后,连续从事本职业工作2年以上,经本职业高级正规培训达到规定标准学时数,并取得结业证书;

(2)取得本职业中级职业资格证书后,连续从事本职业工作4年以上;

(3)大专以上本专业或相关专业毕业生取得本职业中级职业资格证书后,连续从事本职业工作2年以上。

申报技师(具备以下条件之一者):

(1)取得本职业高级职业资格证书后,连续从事本职业工作5年以上,经本职业技师正规培训达到规定标准学时数,并取得结业证书;

(2)取得本职业高级职业资格证书后,连续从事本职业工作8年以上;

(3)大专以上本专业或相关专业毕业生取得本职业高级职业资格证书后,连续从事本职业工作2年以上。

申报高级技师(具备以下条件之一者):

(1)取得本职业技师职业资格证书后,连续从事本职业3年以上,经本职业高级技师正规培训达到规定标准学时数,并取得结业证书;

(2)取得本职业技师职业资格证书后,连续从事本职业工作5年以上。

三、菌类园艺工的职业技能鉴定过程

1. 报名申请

根据自己所从事的工作,选择相应的工种,到当地有关部门(农业或人社部门)填写申请表格,并提供2寸彩色照片2张,身份证复印件一份,学历证书复印件一份。

2. 参加培训

报名后,当地有关部门会发出公告,申报者要定期参加鉴定部门组织的培训班,进行理论培训,达到规定的标准学时数后,领取准考证,按照准考证上的规定时间,按时参加考试。理论考试合格以后,发给结业证书,凭结业证书进行下一步的鉴定。

3. 鉴定程序

菌类园艺工的鉴定由农业主管部门进行。鉴定工作都必须按照"统一鉴定标准、统一命题考核、统一考评人员资格、统一考务管理和统一证书管理与核发"的五统一原则来进行,以确保鉴定的公正性、科学性和权威性。

鉴定分两个部分进行,理论知识考试和操作技能考试。

理论知识考试以笔试为主,主要考核从事本职业应掌握的基本要点和相关专业知识;操作技能考试主要采用现场操作加工典型工件生产作业项目、模拟操作等方式进行,个别职业也可以采用笔试方式,主要考核从事某一职业所需的职业能力水平。

4. 鉴定结果上报与发证

考试结束以后,由考评部门按照相关要求上报各类材料和考评结果,统一录入劳动和社会保障部职业技能鉴定中心数据库,经审查合格颁发本工种的职业技能资格证书,本证书可在相关文件库中查验。

四、农业职业技能鉴定考务管理原则

在农业职业技能鉴定考务管理过程中,无论是在制定技术性文件方面,还是在具体组织实施过程中,都应当坚持以下几个基本原则。

(一)公正性原则

农业职业技能鉴定是对农业劳动者掌握专业技术知识和操作技能水平的客观评价,要保证评价结果的有效性和权威性,就必须保证其实施过程中的公正性。公正性首先来源于健全的规章制度和统一的鉴定技术标准要求。只有这样才能使每一个鉴定对象在相同的客观条件下完成农业专业技术知识考试和操作技能的考核,使各种主客观因素对鉴定的影响控制在最小程度。健全的鉴定法规、制度和技术规定是实现公平性的基础。农业部下发的《农业行业职业技能鉴定管理办法》就是实施农业职业技能鉴定最基本的技术性框架文件,各鉴定机构应根据这个框架文件,相应地制定实施细则和规章制度,这为实现鉴定考务的公平、公正提供了基础。

公正性还体现在鉴定技术准备的要求上,操作技能考试中使用的原料、场所等每一个工位,都应当符合测试标准和要求,有些重要设备、仪器还需要经过校验、检测,以确保万无一失。特别需要提醒的是每一工位的条件、环境因素应做到一致,也是保证鉴定考务公正性的重要基础。

(二)程序化原则

农业职业技能鉴定活动从报名、资格审查、组织施测到鉴定结果的处理,是一个有机的整体,各个环节相互衔接、相互影响,有严格的规范秩序,其运行过程有一套完整的、科学的程序,以有效防止和纠正鉴定过程中人为造成的误差。这是农业职业技能鉴定另一个重要特征,同时严格的程序化管理也是鉴定考务管理的重要原则。农业职业技能鉴定的运行有一套完整、科学的程序，一套完整的鉴定实施过程不能缺少任何一个操作环节，也不能违反任何一个规定的程序，这样才能有效防止和纠正考试中出现的误差。

(三)保密性原则

保密工作关系到鉴定的权威性和公正性，保密也是农业职业技能鉴定考务管理的一个基本原则。在鉴定考核过程中，许多环节都需要保密，其中最重要的是试卷的保密。在考务管理中围绕着这个环节需要做大量的工作，试卷从试题库中组卷、样卷运送、印刷，试卷的运送，直接送到鉴定对象手中，各个环节都需要严格的保密。如果试卷和评分标准等一旦泄密，考试的严肃性和考试机构的权威性将荡然无存，考试将宣布无效，大量的人力、物力和财力投入也将付诸东流。因此保密工作是农业职业技能鉴定考务管理的一个十分重要的环节和基本要求。

(四)制约性原则

农业职业技能鉴定考务组织的各个环节之间具有相互制约的机制，这是维护鉴定考核严肃性和可靠性的有力保证，如果没有这个相互制约性，就不能建立完善的、健全的鉴定制度。

制约机制包括两个方面：一是鉴定外部环境的约束，即社会的监督，二是内部的约束，即鉴定行政主管部门的监督和业务技术管理部门的监督。鉴定考核的严肃性和可靠性，必须依靠这些约束，以及各机构之间的相互制约和监督。只有各个工作环节相互制约，自我监督和社会监督相结合，才能形成客观、公正、科学、合理的考试制度。

第三章　食用菌概况

一、食用菌

食用菌是指可供食用的一些大型丝状真菌。多数为担子菌,部分是子囊菌,主要包括:蘑菇、草菇、香菇、侧耳(平菇)、金针菇、滑菇、木耳、银耳、竹荪以及作为药用的猴头菇、灵芝、茯苓和猪苓等。

二、食用菌的营养价值和药用价值

食用菌营养丰富,味道鲜美,质地脆嫩,有人曾预言,食用菌将成为 21 世纪人类的主要食品之一。食用菌是一种高蛋白、低脂肪、富含维生素、多种酶类、无机盐和各种多糖体的高级食品。被国际上公认为健康食品或保健食品。因此,食用菌具有较高的营养价值和药用价值。

(一)营养价值

食用菌的营养成分大致介于肉类和果蔬之间,具有极高的营养价值。其蛋白质含量虽不及动物性食品丰富,但不像动物性食品那样,在含高蛋白质的同时,往往伴随着高脂肪和高胆固醇。据测定,一般菇类所含的蛋白质约占干重的 $30\%\sim45\%$,若按鲜重计算,蛋白质含量约为 4%,是大白菜、番茄、白萝卜等常见蔬菜的 $3\sim6$ 倍。菌类食品所含的氨基酸种类齐全。几乎所有的菇类都含有人体自身不能合成的 8 种必需氨基酸,如草菇蛋白质中含有 17 种氨基酸,香菇、平菇的蛋白质中含有 18 种氨基酸,人体必需自身又不能合成的氨基酸,一般食用菌都有,尤其禾谷类食物中含量较少或缺乏的赖氨酸和亮氨酸,食用菌中的含量很丰富。食用菌脂肪含量极低,仅为干品重的 0.6%～3%,是很好的高蛋白低能值食物。在其很低的脂肪含量中,不饱和脂肪酸占 72%。不饱和脂肪酸种类很多,其中的油酸、亚油酸和亚麻酸等可有效地清除人体血液中的垃圾,延缓衰老,还有降低胆固醇的含量和血液黏稠度、预防高血压、动脉粥样硬化和脑血栓等心脑血管系统疾病的作用。食用菌含有丰富的维生素,食用菌所含的维生素都高于肉类,草菇维生素 C 含量为辣椒的 1.2～2.8 倍,是柚、橙的 2～5 倍;香菇维生素 D 含量高达 128～400 国际单位,是紫菜的 8 倍、甘薯的 7 倍、大豆的 21 倍,丰富的维生素 D 可促进人体对钙的吸收。多食食用菌可预防人的口角炎、败血症、佝偻病等疾病的发生。食用菌还富含多种矿质元素:磷、钾、钠、钙、铁、锌、镁、锰等及其他一些微量元素。银耳含有较多的磷,有助于恢复和提高大脑功能。香菇、木耳含铁量高。香菇的灰分元素中钾含量为 64%,是碱性食物中的高级食品,可中和肉类食品产生的酸。综上所述,科学家从营养学角度对食用菌给予了很高的评价,认为菇类集中了食品的一切良好特性,其营养价值达到了"植物性食品的顶峰",并被推荐为世界十大健康食品之一。

(二)药用价值

我国利用食用菌作为药物已有 2 000 多年历史。成书于汉代的《神农本草经》及以后历代本草学著作中,记载有灵芝、茯苓、猪苓、雷丸、马勃、冬虫夏草和木耳等菌类。经历了千百年病疗实践的考验,至今仍在广泛应用。随着医疗卫生事业的发展和进步,大型真菌的药用价值已日益受到重视,在我国已发掘的就有 100 多种,现已正式入药应用的有 23 种,主要归属于子囊菌亚门和担子菌亚门两类真菌。其药效成分、药用性能及种类如下。

1. 抗癌和防癌作用

食用菌的防癌和抗癌作用,主要是来自于菌体内的有效成分

（多糖、多糖衍生物、蛋白质和核酸等），真菌多糖抗肿瘤机制，目前被大家广为接受是免疫调节机制，即真菌多糖是一种免疫增强剂，能激活 T 细胞、B 细胞、巨噬细胞、NK 细胞等免疫细胞，也能激活网络内皮系统，吞噬、清除老化细胞和异物，还能促进 IL—1 等免疫蛋白分子的生成，调节机体抗体和补体的形成，从而提高机体抗肿瘤免疫力。中国卫生部已批准香菇多糖、灵芝多糖、云芝多糖、银耳多糖、猪苓多糖、虫草多糖、金针菇多糖、黑木耳多糖、茯苓多糖和猴头多糖等具有免疫调节功能。它们能增强机体综合免疫水平，间接杀伤或抑制癌细胞的扩展，现已发现香菇、金针菇、滑菇和松茸的抗肿瘤活性分别达 80.7％、81.1％、86.5％和 91.8％。香菇中含有一种能诱发人体干扰素的物质，它能够抑制病毒生长和繁殖。动物试验证实，给小白鼠感染病毒，一般 7 天左右就全部死亡。如果事前喂以香菇浸出液，则可使 70％的小白鼠活下来，说明香菇的抗病毒作用是相当强大的。现在已从香菇中提得了这种干扰素的诱生剂，对治疗病毒性疾病和肿瘤有着十分重要的价值。由于香菇抗癌作用显著，又能降低血脂，调节血压，防治心血管疾患和病毒感染性疾病，它所含的营养成分丰富而均衡，有利于人体健康，是一种不可多得的抗癌防老佳品。

2. 降血脂和防治冠心病作用

有关医学研究表明，长期食用香菇、平菇、金针菇等食用菌，可以降低人体血清中胆固醇的含量；木耳和毛木耳含有破坏血小板凝聚的物质，可以抑制血栓的形成；虫草多糖对心律失常有疗效；灵芝多糖对心血管系统有调节作用，可有效地降低人体的血液黏稠度；姬松茸多糖能降低血脂、提高耐缺氧能力；真菌多糖具有增强冠体流量和心肌供氧，降低血脂，预防动脉粥样硬化斑形成的作用。因此，食用菌是各种心脑血管疾病患者的理想疗效食品。起这一作用的主要是食用菌中的各种不饱和脂肪酸、有机酸、核酸和多糖类物质。

3.其他药用作用

黑木耳有润肺清肠和消化纤维的作用,是纺织工人的保健食品,还有通便治痔作用;草菇富含维生素C,能防止贫血症发生和提高抗病能力;鸡腿菇和蛹虫草的降血糖作用;双孢蘑菇和虎皮香菇的清热解表作用;猴头菌多糖可增加胃液分泌、稀释胃酸、保护溃疡面,对胃癌、食道癌有显著疗效;云芝多糖、灵芝多糖对慢性肝炎、乙型肝炎有防治作用;茯苓多糖提取物含有茯苓酸、层孔酸等物质,有护肝解毒作用;蜜环菌的镇静安神作用;灵芝、金耳、银耳的润肺止咳化痰作用,灵芝的利尿祛风湿作用等。日本近几年发现一种既能抗"艾滋病",又能治疗乳癌的蘑菇,这种蘑菇名叫"Maitake"。总之,食用菌既是保健食品,又是药物资源。

三、食用菌生产可促进生态农业发展

人工栽培的食用菌是腐生性真菌。发展食用菌产业,能把人们不能利用的纤维素、木质素等转化为高营养的食品或保健品,是变废为宝、开辟蛋白质资源的有效途径和巨大源泉。如年产约23.53亿吨农作物秸秆,人们和动物食用的蛋白质和碳水化合物只占其10%,其余都以纤维素等形式存在于自然界或自行消灭。若以每亩水稻田产稻草500千克计,用稻草栽培平菇可产250千克(中等产量水平),相当于5千克蛋白质。这约为70千克大米蛋白质含量,而其蛋白质的品质是大米所不及的。发展食用菌产业,在改善人们食物结构、增强人的体质、变废为宝、开辟蛋白质资源等方面都有着重大的现实意义和深远的历史意义。科学家预言"食用菌将成为21世纪蛋白质的重要来源"。

实践证明,栽培食用菌后的菌渣是畜牧业的好饲料。据我们对醋糟及其菌渣营养分析表明,粗纤维的含量由种菇前的29.52%降低到24.10%,而粗蛋白的含量由原来的10.93%提高到14.15%。且菌渣的氨基酸种类齐全,其含量比种菇前提高了1倍以上,尤其含有多种畜禽体内不能合成,一般饲料中又缺乏的必需氨基酸(表)。此外,菌渣中的矿物质元素也有改善,菌渣的整体细胞结构和机械强度锐减易碎,气味芳香,适口性和利用率大大提高。通过对猪的饲喂试验表明,菌渣不仅使饲料成本下降 0.086 元/千克,而且可使猪增加食欲,平均日增重 590 克,比对照提高 2%,采食量提高 5.8%。菌渣也是很好的有机肥料和制沼气的好原料。所以,发展食用菌生产不仅为人类提供大量优质食品,增加菇农收入,而且在物质的多层次利用,使物质良性循环,促进生态农业的发展方面都有较好效果。

表　必需氨基酸对比

名　称	醋糟中氨基酸含量	猪饲料中氨基酸含量	菌渣中氨基酸含量
精氨酸	0.2	0.02	0.96
组氨酸	0.7	0.18	0.64
亮氨酸	0.47	0.6	0.91
异亮氨酸	0.15	0.5	0.47
苏氨酸	0.2	0.45	0.42
缬氨酸	0.05	0.5	0.45
苯丙氨酸	0.19	0.5	0.34
赖氨酸	0.14	0.7	0.26
蛋氨酸	0.03	0.5	0.15
色氨酸	—	—	—

四、食用菌生产是振兴农村经济的重要途径

进入 20 世纪 90 年代以来,我国的食用菌生产发展迅速,不仅成为重要的富民之路,也成为高效农业的主要支柱之一,在国内已上升到农业经济的第 6 位(仅次于粮、棉、油、果、菜),在国际上则跃

居第一,总产值达 200 多亿元。现在,中国食用菌年产量占世界总产量的 60% 以上,出口量占亚洲出口总量的 80%,占全球贸易的 40%。2002 年其产量为 876 万吨,加工后的总产值 408 亿元。食用菌是 21 世纪的朝阳产业,是"白色农业"的重要组成部分。随着人民生活水平的提高,食物消费结构趋向营养化、保健化,食用菌作为绿色食品,备受消费者青睐,已经成为老百姓"菜篮子"的重要组成部分。成为人类食物结构(植物性食物——素食,动物性食物——荤食,菌类食物——菌食)三大支柱之一。同时,食用菌产业又是一个典型的资源型、劳动密集型产业,我国劳动力资源雄厚,成本比较低廉,在国际市场上具有很大的价格优势。因此,食用菌是"入世"后受益最大的一种农产品,较其他农产品而言,机遇大于挑战,市场前景广阔。食用菌在国内外市场和贸易:我国食用菌产量的绝大部分在国内销售,1999—2002 年,按市场调查的 400 万吨计,出口仅占总产的 15% 左右,在 60 万吨左右,创汇 6 亿美元左右,出口量占亚洲出口量的 80% 以上,占全球食用菌贸易量的 40% 以上。国内外多年的生产实践证明,由于食用菌生产投资少,所需设备简单,成本低,效益高,见效快,其投入产出比一般为 1∶(2～3),有的甚至高达 1∶(6～8),确为一项优质高产高效产业。因此,对于振兴和繁荣农村经济,改变山区的贫穷面貌有着重要意义。据日本资料报道,一些地区的松口蘑收入是木材本身价值的 3 倍;用段木栽培香菇的产值,远远超过了番茄、萝卜和茄子等大众蔬菜的产值;在西欧和北美地区被称为"享乐主义者的最高食品"的块菌,其市场零售价每千克高达 3 000 美元,加入这些块菌成分的酒和一些饮料可增值数倍;欧美市场享有盛誉的羊肚菌,目前,每千克价格高达 150 德国马克,这些食用菌的价格远非其他任何食品能比拟的。我国浙江省庆元县的香菇生产,1993 年产香菇 6 886 吨,占中国内地 1993 年香菇总产量(41 000 吨)的 1/6,是世界香菇产量的 1/10。庆元农村人均香菇单项收入 92 美元;盛产"房耳"驰名中外的湖北省房县,每年平均有耳架 20 多万个,年均产量 250 吨以上,木耳的产值占整个副业生产总值的 1/3 以上,成为该县农业生产中一个举足轻重的商品;在山区,利用野生食用菌资源的前景也十分广阔,由于许多野生食用菌具有很高的食用价值和药用价值,具有独特的口感和风味。另外,诸如东北的元蘑、棒蘑,内蒙古自治区的口蘑,山西的台蘑,云南的牛肝菌等,早已驰名中外,是我国的传统出口商品。我国山区人民采集、收购野生食用菌,组织出口或内销,无需大的成本,经济效益非常高。食用菌的发展可以促进其他行业的同步发展。如机械业、塑料业、运输业、食品、药品、罐头厂工业均围绕蕈菌业生产。真可谓一业旺,百业兴。庆元县香菇的发展推动了 30 多个行业的进步,就是一个很有说服力的例子。

第四章　食用菌生物学基础知识

自然界的食用菌种类繁多、形态各异,有的呈羊肚状,有的为头状(猴头菌),有的为块状、珊瑚状、伞状(蘑菇、香菇)、笔状、球状、花椰菜状、耳状(木耳)、柱状(羊肚菌)和花瓣状(银耳)等。它们分别在不同的营养及生态条件下生长繁殖,具有一定的生活规律。了解食用菌的生物学基础知识是指导生产、获得栽培成功的前提和保证。

一、食用菌的形态结构

任何一种食用菌都包括两部分,即菌丝体和子实体。通常所见的肉眼可见的可食部分即为子实体,是真菌的繁殖器官,其功能是产生孢子,繁衍后代。在子实体基质内分布的大量丝状物为菌丝体,菌丝体是真菌的营养器官,功能是分解基质、吸收、转化和贮存营养,为子实体的发生创造条件和提供养分。

(一)菌丝体

1. 菌丝体的概念

菌丝是由孢子萌发成的管状细丝。孢子萌发时先伸出芽管,顶端持续生长,随后产生分枝形成菌丝。菌丝在基质中蔓延伸展、反复分枝,由许多分枝菌丝交织成的可见菌丝群叫菌丝体(图4-1)。食用菌的菌丝体一般呈白色绒毛状,每一段生长菌丝都具有潜在分生能力,均可发育成新的菌丝体。生产中应用的"菌种",就是利用菌丝细胞的分生作用进行繁殖的。自然界菌丝体多生长在枯木、段木、森林落叶层、草堆、粪堆等富含有机物的环境中。菌丝体的生长通常从一点出发不断向四周扩展蔓延,外围新生菌丝形成的蘑菇常呈一个圈状,俗称蘑菇圈。直径可达几米、几十米乃至数百米。蘑菇、口蘑都是易形成蘑菇圈的食用菌。食用菌的菌丝具有横膈膜,横膈膜把菌丝分隔成单核、双核或多核的结构。每个细胞均由细胞壁、细胞膜、细胞质、细胞核以及液泡、线粒体、内质网、核糖体等细胞器组成。

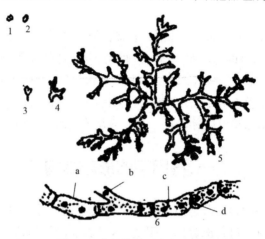

图 4-1　菌丝体的形成与构造

1. 孢子;2. 孢子膨胀;3. 孢子萌发;4. 菌丝分枝;5. 菌丝体;
6. 单根菌丝的放大:a 细胞壁,b 细胞质,c 细胞膜,d 细胞隔膜

2. 菌丝类型及特点

按照菌丝的发育阶段和组成菌丝的细胞内核的数目,把食用菌的菌丝分为初生菌丝体、次生菌丝体和三次菌丝体。

(1)初生菌丝体(单核菌丝体)细胞内仅有一个核的菌丝。它是指孢子在一定条件下(营养、温度、湿度、通气等)萌发产生的一根菌丝。对担子菌而言,这种菌丝开始时是多核的,到后来则产生了横膈膜,把菌丝分隔成有隔的菌丝。其特点是菌丝细弱,核染色体单倍,绝大多数的单核菌丝体不产生子实体,如香菇、平菇等。而双孢蘑菇例外,它的担孢子萌发时就有两个核。对子囊菌而言,子囊孢子通常是单核的,萌发形成单核(或多核)细胞的菌丝体,子囊菌的这种单核菌丝体发达,生活期也长。

(2)次生菌丝体(双核菌丝体)。次生菌丝指细胞内含有两个核的菌丝。在担子菌中,两个单核芽管或两条单核菌丝细胞间发生细胞质融合而核不融合,即由单核细胞变为双核细胞,单核菌丝体变为双核菌丝体。双核菌丝体的特点是:每个细胞含有遗传性质不同的细胞核。双核菌丝体具有形成子实体的能力,比单核菌丝体粗壮且分枝繁茂,它是大多数食用菌的基本菌丝形态,也是从事食用菌栽培常用的菌丝形态。食用菌生产中常用的菌丝体,如香菇、蘑菇、平菇的各级菌种都是双核菌丝。担子菌类的食用菌多数具有锁状联合现象,如银耳科、木耳科、侧耳科的许多种。所谓锁状联合,是指在双核菌丝的横隔膜处产生的一个具有特征性的侧生突起。它常发生在菌丝顶部双核细胞的两核之间,是双核菌丝细胞生长分裂过程产生的一个特殊构造(图 4-2)。凡是具有锁状联合的菌丝就判定它是双核菌丝,反之则不然,因为有些双核菌丝并不产生锁状联合,如蘑菇、草菇、蜜环菌、乳菇等。子囊菌的某些块菌也发生锁状联合。

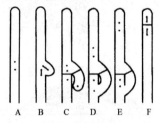

A. 一个双核菌丝的顶部

B. 双核同时进行分裂并伸出一个侧生突起

C. 形成两个横隔膜,分隔出了一个内含两个可亲和核的顶生细胞,突起内含有一个子核

D. 突起与亚顶细胞进行交配

E. 亚顶变双核

F. 假设在一个没有锁状联合的双核菌丝内进行核分裂和菌丝分隔

图 4-2　锁状联合的形成

(3)三次菌丝体(结实性双核菌丝)。尚未进行分化的双核菌丝体称为二次菌丝体,已经组织化了的双核菌丝体称之为三次菌丝体。有些食用菌为了适应不良环境,菌丝常密集成索状或块状等,形成了菌核、菌索或子座。菌核:它既是真菌的一种休眠器官,又是贮藏养分的器官。口蘑在冬天形成菌核越冬,茯苓、雷丸、猪苓都是菌核。菌核中的菌丝有很强的再生力,当环境条件适宜时,又可重新萌发。因此,菌核也可作为菌种的分离材料。菌索:是由某些真菌的菌丝组成,似绳索状或植物的根。典型的如蜜环菌的菌索,外层颜色较深,由拟薄壁组织组成,叫皮层;内层由疏丝组织组成,叫心层,顶端有生长点。菌索的作用和菌核相似,能够抵抗不良环境,遇到适宜条件又可从生长点恢复生长。子座:是由拟薄壁组织和疏丝组织构成的容纳子实体的褥座状结构。如冬虫夏草,从菌核中长出有头部和柄部的子座,在头部周围着生有许多子囊壳。

(二)子实体

子实体是真菌进行有性生殖的产孢结构,俗称菇、草、耳等,其功能是产生孢子,繁殖后代。子实体的形态丰富多样,食用菌中最常见的是伞菌,可分为菌盖、子实层体、菌柄、菌环和菌托等部分(图4-3)。下面以伞菌为例,介绍子实体的结构。

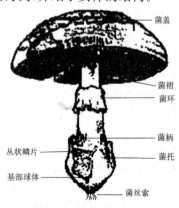

图4-3　子实体形成结构示意图

1. 菌盖

菌盖又叫菌伞,是食用菌的主要部分,也是主要的繁殖器官。伞菌菌盖的结构分为表皮层和菌肉两部分。依顺序分为外皮层和下皮层。菌盖角质层下面松软的部分为菌肉,是菌盖的主体部分,也是食用价值最大的部分。多数食用菌的菌肉为肉质、易腐烂,少数的菌肉为蜡质、胶质或革质等。食用菌菌肉一般为白色,老时变为黄色,如牛肝菌受伤后,菌肉变为黑色或淡黄色,蘑菇受伤后会流出汁液。菌盖的形态和大小因种类不同而不同。多为伞状。常见的还有圆形、半圆形、圆锥形、卵圆形、钟形、半球形、斗笠形、匙形、扇形、喇叭形、圆筒形和马鞍形等(图 4-4)。

图 4-4　菌盖形状

菌盖的颜色是分类的依据之一。常见菌盖有白、黄、褐、灰、红等色泽,如蘑菇为乳白色,草菇为鼠灰色,香菇为褐色,灵芝为紫红色,平菇为灰白色。菌盖的颜色常随栽培条件和生育阶段不同而变化,如自然生长的金针菇菌盖颜色为黄褐色,而人工栽培以红光作为光源时,菌盖呈黄白色,提高了商品价值;又如平菇的一些品种子实体发育初期菌盖为蓝灰色,随着子实体的长大逐渐转为灰白色乃至白色。另外,同一种菌类因品种不同菌盖的颜色也有差异。菌盖边缘也有不同的形态。一般初期内卷,随着子实体发育不断展开,乃至翻卷。菌盖边缘的形态变化是栽培中确定采收时期的形态指标,一般以菇盖尚未展开之前为采收适期。食用菌的质地、颜色、厚薄、风味因种类而异。许多食用菌就是以它的风味而命名。如味辣的辣乳菇、味苦的苦乳菇、味香的香菇、质脆的脆红菇等,鸡油菌有杏仁香味故又名杏菌,侧耳有鲍鱼风味,俗称鲍鱼菇。

2. 菌褶和菌管(子实层体)

菌盖下面着生子实层的组织结构叫子实层体。子实层体有不同形状,呈刀片状放射排列的叫菌褶。如香菇、平菇的菌褶;而多孔菌菌盖下面生长着向下垂直的菌管。由于菌褶和菌管主要由子实层、下子实层、菌髓3部分构成,故又名子实层体。子实层的颜色往往随子实体的变老而表现出各种孢子的颜色,如白色、粉红色、锈色和黑色。有些菌的孢子是白色,但菌褶却呈黄色。

菌褶与菌柄的着生关系是有褶伞菌分类的重要依据,通常有以下4种类型。

(1)直生菌褶与菌柄直接相连,如侧耳,滑菇等。

(2)弯生菌褶与菌柄连接处向上弯曲,如香菇、口蘑等。

(3)离生菌褶不直接与菌柄相连,如双孢蘑菇和草菇等。

(4)延生菌褶的后端随菌柄下延,如平菇等。

子实层是子实体的生殖结构部分,其组成是区分两大真菌亚门(担子菌亚门和子囊菌亚门)的重要依据。子囊菌亚门的子实层由子囊和侧丝构成;担子菌亚门的子实层由担子及囊状体构成。无论是侧丝还是囊状体都是由菌丝发育而成的辅助物,它们都是不育的,只有子囊或担子才是可育的,二者分别产生子囊孢子或担孢子。囊状体伞菌囊状体由下子实层前端的菌丝膨大而成。根据囊状体着生的位置可分为两类:生长在菌褶边缘者称为缘囊体,生长在菌褶表面者称为侧囊体。囊状体起放气阀的作用,有助于调节湿度和蒸发其他挥发性的物质。担子大型真菌的担子一般为棒状,是具有性功能的特殊细胞体。担子顶端能产生一定数量的担孢子(一般为

4 个）。有的只产生 2 个孢子。银耳类的担子比较特殊，它具有纵隔，即纵隔为 4 个部分，顶端同样有 4 个孢子。而木耳类的担子具有横隔，分为 4 节，生有 4 个孢子，这类产生在担子上的孢子称为担孢子。子囊菌的孢子产生在子囊内，称为子囊孢子，二者简称为孢子。孢子、担孢子或子囊孢子是具有繁殖功能的休眠细胞。孢子在适宜条件下能直接发育成新的个体，孢子极微小，有多种形态，圆形、卵圆形、椭圆形、多角形、三角形、肾形、菱形或纺锤形等。孢子表面又有光滑、粗糙、麻点等区别；孢子形状，大小，颜色，表面特征，孢子壁的厚薄都是分类的依据。

3. 菌柄

菌柄是菌盖的支撑部分，是由菌丝发育成的，具有输送养料的功能。菌柄多数与菌盖同质，少数如金针菇菌柄下部为革质，与菌盖异质。菌柄的有无、长短、形状因种类而异，长短一般为 1～50 厘米，直径为 0.1～10 厘米。形状有圆柱形（金针菇），粗状形（牛肝菌），假根状（鸡纵菌），有直立、弯曲，有分枝，也有基部联合在一起的。菌柄按菌柄在菌盖上的着生位置可分为中生（蘑菇、草菇）、偏生（香菇）、侧生（平菇、灵芝）等类型；按菌丝的疏松程度可分为实心（香菇）、空心（鬼伞）、半空心（红菇）等；按质地不同分为纤维质、脆骨质、肉质和蜡质等。

4. 菌环、菌托

（1）菌环有些伞菌初形成菌蕾时，菌盖与菌柄间有一层或二层包膜叫做内菌幕。开伞后内菌幕破裂，残留在菌柄上的部分就成为菌环。菌环大小、厚薄、质地因种而异。菌环一般着生在菌柄的中上部，有少数种类菌柄与菌环脱离并可移动（环柄菇），有的菌还有双菌环。伞菌菌环的有无是鉴定种属的主要依据。

（2）菌托子实体在发育早期，整个菌蕾外面的包膜，菌幕。随着子实层成熟，外菌幕被胀破，残留在菌柄基部的外菌幕，称为菌托。外菌幕较薄的种类，仅在膨大的菌柄基部残留着数圈外菌幕残片，上半部则残留在菌盖上成为鳞片状附属物。

二、食用菌的生活史

食用菌的生活史是指食用菌一生所经历的全过程。即从有性孢子萌发开始,经单、双核菌丝形成及双核菌丝的生长发育直到形成子实体,产生新一代有性孢子的整个生活周期。

(一)菌丝营养生长期

1.孢子萌发期

食用菌的生长是从孢子萌发开始的,孢子在适宜的基质上,先吸水膨胀长出芽管,芽管顶端产生分枝发育成菌丝。在胶质菌中,部分种类的担孢子不能直接萌发成菌丝(如银耳、金耳等),常以芽殖方式产生次生担孢子或芽孢子(也叫芽生孢子),在适宜条件下,次生担孢子或芽孢子萌发形成菌丝;木耳等担孢子在萌发前有时先产生横膈,担孢子被分隔成多个细胞,每个细胞再产生若干个钩状分生孢子后萌发成菌丝。

2.单核菌丝

由有性孢子萌发的菌丝称为初生菌丝(一级菌丝),又名单核菌丝。单核菌丝是子囊菌营养菌丝存在的主要形式,担子菌的单核菌丝存在时间很短。单核菌丝细长、分枝稀疏、抗逆性差、容易死亡,故分离的单核菌丝不宜长期保存。有些食用菌如草菇、香菇等,单核菌丝生长时期遇到不良环境时,菌丝中的某些细胞形成厚担孢子,条件适宜时又萌发成单核菌丝。双孢蘑菇的担孢子含有 2 个核,菌丝从萌发开始就是双核的,无单核菌丝阶段。

3.双核菌丝

单核菌丝发育到一定阶段,由可亲和的单核菌丝之间进行质配,(核不结合)使细胞双核化,形成双核菌丝。发生配对的两条单核菌丝形态相似,而遗传性存在差异,所以,又称异核体。双核菌丝是担子菌类食用菌营养菌丝存在的主要形式。双核菌丝的顶端细胞常形成锁状联合,把汇合在一起的两异源核,通过特殊的分裂形式保存下去。由于双核菌丝是进行质配以后的菌丝,任何一段菌丝体均可独立无限地繁殖,产生子实体。食用菌的营养生长主要是双核菌丝的生长。固体培养时双核菌丝通过分枝不断蔓延伸展,逐渐长满基质;液体培养时形成菌丝球,将基质的营养物质转化为自身的养分,并在体内积累为以后的繁殖作物质准备。

(二)菌丝生殖生长期

生殖生长是食用菌进行有性繁殖的生长阶段,从生物学意义而言,营养生长是为生殖生长积累营养物质,生殖生长则在于产生大量的繁殖体——担孢子,以保证物种的延续。

1.子实体的分化和发育

双核菌丝在营养及其他条件适宜的环境中能旺盛地生长,体内合成并积累大量营养物质,达到一定的生理状态时,首先分化出各种菌丝束(三级菌丝),菌丝束在条件适宜时形成菌蕾,菌蕾再逐渐发育为子实体。与此同时,菌盖下层部分细胞发生功能性变化,形成子实层体,表面覆盖有子实层,着生担子。担子是由下子实层双核菌丝的顶细胞膨大而形成的棒状小体。随着子实体的发育,担子体中双核融合成一个双倍体核,接着进行减数分裂(包括两次连续分裂,其中,第一次为减数分裂,第二次为有丝分裂),形成 4 个单倍体子核;此时,担子顶部生出 4 个小突起,突起顶端逐渐膨大,担子基部形成一个液泡,随着液泡的增大,4 个子核及内溶物分别进入突起之中,形成了 4 个担孢子。以上是典型的无隔担子的发育。双孢蘑菇只产生两个双核担孢子。然而有时也会出现特异现象,一个担子上产生一个担孢子或二三个甚至五六个担孢子。黑木耳、银耳等胶质菌类,担子在减数分裂之后,其上出现横隔或纵隔,因而被列为有隔担子菌亚纲。

2.担孢子的释放与传播

大多数食用菌的孢子,是从成熟的子实体上自动弹射而进行传播的。孢子的个体很小,但数量很大,孢子散布的数量也很惊人,通常为十几亿到几百亿个。如一个四孢蘑菇产生的孢子数为 18 亿个,一个平菇产生的孢子数量高达 600 亿~855 亿个。平菇在散发孢子时,无数孢子像腾腾的雾气称为孢子雾,而且可以连续散发 2~3 天。有的菌是通过动物取食、雨水、昆虫等其他方式传播,如竹荪的孢子成熟时产孢体会产生恶臭的黏液,在十几米外也可闻到其特殊的臭味,强烈地吸引蝇类来传播孢子。块菌也是产生特殊气味,通过动物取食来进行传播。人们通常训练猪、狗等来采集地下块菌。

三、食用菌的营养生理

食用菌的营养生理包括营养菌丝体和子实体生长发育过程中物质和能量代谢,生长与发育规律,所要求的条件及其外界环境的适应性等内容。食用菌的营养生理是食用菌栽培的科学依据。

(一)营养生理类型

食用菌属于异养生物,它自身不能制造养料,只有不断从基质中吸取营养物质,才能进行生长、发育和繁殖。其营养方式主要有以下三种类型。

1. 腐生性食用菌

这类食用菌所需的营养都是从死的有机体中获得,这是大部分食用菌的营养类型。人工栽培的食用菌绝大多数营腐生生活。据菌类所需营养材料质地的不同,又分为木腐菌和草腐菌两类。其中,适于在粪草基质和有机质丰富的土壤中生活的食用菌称为粪草腐生菌,如双孢蘑菇、草菇、马勃、鬼伞菌等;适宜在枯木上、落叶层、木屑、棉籽壳等木质类材料中生长的食用菌称木腐菌类,如香菇、侧耳、木耳、金针菇和灵芝等。木腐菌以对木材腐解的方式和能力又分褐腐、白腐等类型。

2. 共生性食用菌

有些食用菌不能独立在枯枝、腐木上生长,必须和其他生物形成相互依赖的共生关系。菌根菌是真菌与高等植物共生的代表,大多数森林蘑菇为菌根菌。菌根真菌不仅从寄主植物中摄取营养,而且还能提高矿物质的溶解度,促进根系对土壤水分和无机盐的吸收,保护根系免遭病原菌侵害,分泌激素类物质,促进植物根的生长。树木则能为菌根提供光合作用的产物。常见的菌根菌有如松口蘑、松乳菇、大红菇、美味牛肝菌等。菌根菌中有不少优良食用种类,但目前还不能进行人工栽培,开发潜力很大。

3. 寄生性食用菌

是指完全寄生在生活寄主上,从活的寄主细胞中吸取养分。食用菌多为兼性寄生或兼性腐生菌,蜜环菌是前者的典型代表,开始生活在树木的死亡部分,一旦进入木质部的活细胞后,开始营寄生生活称为兼寄生。又如冬虫夏草菌,这里的"虫"是指鳞翅目蝙蝠蛾科的幼虫(寄主),"草"是指子囊菌类虫草属的种(虫草菌)。虫草侵染寄主(虫),从寄主身体上吸收营养,并在寄主体内生长繁殖使寄主僵化,在适宜条件下从虫体头部长出子座(草),形成虫草复合体,即为冬虫夏草。它是著名的中药和补品。

(二)营养生理代谢

无论食用菌属于哪种营养方式,他们从外界获取的营养成分基本相似。据化学分析,食用菌干物质中主要有蛋白质、碳水化合物、脂类和矿物质等。在全部干物质中碳、氢、氧、氮 4 种元素占 90%~97%,其余为灰分元素,含量较多的必需元素依次为磷、钙、镁、硫、钾等,还有微量的铁、钴、锰等矿质元素。

1. 碳源及其代谢

碳源指提供食用菌生长发育碳素的主要营养来源。其作用是构成细胞的结构物质和供给生长发育所需的能量。食用菌从外界获得的碳素约 20% 用于合成细胞物质,80% 用于能量消耗。食用菌能利用的碳源是指光合作用形成的有机碳化物,如纤维素、半纤维素、木质素、淀粉、果胶酸、双糖、单糖、有机酸和醇等。食用菌对营养物质的摄取是靠菌丝细胞的吸收作用,只有能透过细胞膜的低分子量物质才能被吸收。单糖、有机酸、醇等小分子化合物是通过细胞膜的主动吸收进入细胞内,但需要消耗一定的能量。对于复杂的大分子物质,如纤维素、木质素等需分解后才能被吸收利用。菌丝体依靠自身产生的胞外酶(纤维素酶,木质素酶等),将坚硬复杂的大分子有机物分解成简单的能被吸收的小分子,然后供菌丝细胞吸收利用。葡萄糖是最广泛被利用的单糖。食用菌在含葡萄糖的培养基上生长迅速,无需适应期。果糖、甘露糖是仅次于葡萄糖的单糖,乳糖较差。双糖如麦芽糖、蔗糖是易同化的碳源,它们在相应酶的作用下被水解吸收。有时双糖可完整地被吸收到细胞中去,海藻糖是真菌中分布最广泛的双糖,作为贮存的碳营养,在需要时分解为二分子葡萄糖被利用。多糖中的淀粉由 $20\%\sim28\%$ 能溶于水的直链淀粉与 $72\%\sim80\%$ 不溶于水的支链淀粉组成。淀粉在酸的作用下可水解为葡萄糖,在淀粉酶的作用下可水解成麦芽糖及少量糊精。这些都是菌丝易吸收利用的营养物质。但在利用过程中常产生有机酸,有机酸过多时影响菌丝的生长。纤维素是植物细胞壁的主要成分,菌丝对纤维素的分解是通过细胞分泌胞外纤维素酶的作用下进行的。半纤维素是植物细胞壁中除纤维素以外的多糖总称,占全纤维素的 $10\%\sim20\%$,它是由木糖、阿拉伯糖、乳糖、葡萄糖、甘露糖及糖醛酸混合而成的杂聚物。因此,它必须靠半纤维素复合酶系催化才能降解。木质素是木材的主要成分。食用菌对木质素的降解是通过分泌酚氧化酶、漆酶等,使木质素降解后才能被吸收。食用菌对碳素营养需求,在不同生长发育阶段有明显变化。甘露糖、葡萄糖、麦芽糖有利于营养菌丝生长;而蔗糖、果糖、淀粉、纤维素有利于子实体的形成;双糖和多糖都比单糖更有利于原基分化。碳源主要来自各种植物性原料,如木材、木屑、禾谷类作物秸秆、棉籽壳、玉米芯、花生皮、豆秆、蔗渣及酿造工业下脚料等。人工栽培食用菌时,培养料中加入适量的低糖分子糖,能诱导胞外酶产生,加快对大分子物质的分解。混合碳源中,葡萄糖对其他碳源的利用有阻遏和抑制作用。因此,在混合碳源中葡萄糖不能加入过多,浓度以 0.5%～5% 为宜,以防对其他碳源利用的影响。

2.氮源及其代谢

氮源指能被菌丝利用的含氮化合物。氮素是合成细胞蛋白质和核酸的主要原料。食用菌能够利用的氮源主要是有机氮,如蛋白质、蛋白胨、氨基酸、多肽和尿素等。食用菌也能少量利用铵盐和硝酸盐等无机氮,但生长速度迟缓,如果仅用无机氮的氮源则不出菇,这是因为菌丝没有利用无机氮合成细胞所需的全部氨基酸的能力。尿素可作为多数食用菌的氮源,但尿素经高温处理易分解,放出氨和氢氰酸致使培养基的 pH 值升高并带有氨味为害食用菌的生长。因此,熟料栽培时培养料中不宜添加尿素。生料或发酵料栽培时如需要加尿素,浓度应控制在 0.1%～0.5%,以免氨气对菌丝产生为害。氨基酸及多肽等有机氮比无机氮有利于菌丝的生长,因为有机氮还可以作为碳源供菌丝利用,促使营养平衡及物质转化。食用菌在利用蛋白胨及多肽时,同样,需要分泌胞外水解酶,进行分解后方能吸收利用。食用菌在菌丝生长阶段和子实体发育阶段对环境中氮营养有不同要求。在营养菌丝生长期,基质中氮素含量一般以 0.01%～0.064% 为宜,含量低于 0.016% 时,菌丝生长受阻;子实体发育期,培养基质中氮量以 0.016%～0.032% 为宜,高浓度的氮量反而会抑制子实体的发生与生长。对于木腐性食用菌,拌料时不能过量增加氮素用量,以防引起菌丝旺长,延长营养生长期,推迟出菇。生产中常用尿素、麸皮、米糠、豆饼、蚕粪、鱼粉、家畜粪肥等作为氮源补充材料。

3.碳氮比值(C/N)

在培养基中碳源和氮源浓度要有适当的比值,称为碳氮比(C/N)。食用菌在不同生长发育阶段要求不同的 C/N 值。例如,双孢蘑菇在营养生长期要求 C/N 比为 20∶1,生殖期为 33∶1。食用菌所需要的碳、氮营养成分除少数菌根菌以外,其余都可以从粪草、树木或秸秆中得到,人工栽培食用菌时,应注意调节基质中的碳源量与氮源量,满足菌丝生长发育对碳氮比的要求。一般菌丝能同化的碳源量,约为培养料中碳源的30%,而要同化这30%的碳源,同时,还需要同化3%的氮源,相当于同化碳源(30%)的10%。

4.无机盐类

无机盐是食用菌生长发育不可缺少的元素。其主要功能是参与细胞物质的组成及物质与能量的转化过程;作为酶的组分维持酶的活性;调节细胞的渗透性、氢离子浓度和氧化还原电位等。食用菌必需的矿质元素主要有:磷、钾、镁、钙、铁、锌、锰、铜等。在这些元素中,铁、锌、锰、铜等元素的需要量甚微,普通水中一般含有,除了用蒸馏水配制培养基外不再另加。大量元素主要是磷、钾、镁、钙等,这些元素在培养基中的适宜浓度为100～150微克/毫升,生产中要注意添加。磷对食用菌生长代谢有重要作用。食用菌利用磷的形式一般是磷酸盐,如无机磷酸盐:K_3PO_4、K_2HPO_4、KH_2PO_4、过磷酸钙等,磷酸氢二钠和磷酸二氢钠则不能被利用。有机磷酸盐中,肌醇三磷酸、酪蛋白等也可以被利用。硫是食用菌的重要组成成分,主要构成细胞有机物质,如含硫氨基酸、维生素及含硫或巯基的酶,食用菌对硫的利用形式主要是SO_4^{2-}。钾主要起酶的激活剂作用,促进碳水化合物代谢;钾也能控制原生质的胶体状态和细胞质膜的透性,影响细胞营养物质的输送。真菌具有富集钾的作用,因而食用菌中钾含量很高。镁在食用菌代谢中的作用主要是影响酶的活性。镁一般由硫酸盐形式提供,食用菌对镁离子浓度比较敏感,其浓度0.03～0.3克/升为宜,高浓度是有毒性的。钙能刺激菌丝或子实体生长,能颉颃某些一价阳离子过量而引起的毒害,钙还有缓冲酸碱度,蓄水保肥的作用。生产中常通过添加石膏($CaSO_4$)、生石灰(CaO)、碳酸钙等来补充对钙的需求。

5.维生素与生长激素

栽培食用菌过程中,虽然培养基中已具备水、碳源、氮源和矿物质等营养物质,但食用菌常常生长不良,还应供给一定的维生素类或激素类物质。

(1)维生素是细胞原生质产生的一类微量小分子有机化合物，是维持食用菌正常生长、发育的重要成分。一旦缺乏维生素，将使代谢失调，菌体不能正常生长和发育。对食用菌影响最大的是B族维生素和维生素H。B族维生素包括硫胺素、核黄素、泛酸、烟酸、吡哆醇、叶酸等。培养基中缺少硫胺素，食用菌生长缓慢；严重缺乏时，生长停止。据研究，维生素B_1对香菇菌丝体生长影响最大，当维生素B_1浓度为100微克/100毫升时，香菇菌丝的干重增加最明显。对于大多数的腐生菌来说，维生素B_1是不可缺乏的，只有维生素B_1存在时无机盐才能得以利用。又如烟酸，对松口蘑等食用菌的菌丝生长有明显的促进作用。在马铃薯、麦芽、酵母和米糠中维生素的含量较多。因此，生产上用这些材料配制培养料时，可不必再添加维生素。维生素多数不耐高温，在120℃以上高温时极易破坏，在培养基灭菌时，应防止灭菌温度过高。

(2)激素是生物体自身合成的具有高度生理活性的微量有机化合物。它虽含量极少，但活性很强，能对生物体生长、发育起调节作用。细胞分裂、伸长与分化、子实体发育、成熟等都受激素的调节与控制。因此，生物体缺少激素便不能正常生长发育。据报道，核苷酸和核酸是促进食用菌子实体发育的生长因子，特别是环腺苷酸，它具有生育激素的功效，当培养基内加入一定量的环腺苷酸时，能使原来不生育的单核菌丝体发育成子实体；10毫克/升的吲哚乙酸、20毫克/升的萘乙酸、10毫克/升的赤霉素均有促进平菇提早出菇，提高产量的趋势；三十烷醇、α-萘乙酸对蘑菇菌丝体生长有促进作用。一般使用三十烷醇的适宜浓度为0.5～1.5毫克/升。

四、食用菌的生态环境

食用菌的生长发育不但需要适当的营养，而且与其所处的生态环境因素也密切相关。生态条件的改变，对食用菌的形态、生理、生长发育、繁殖等特性有很大的影响，同时，食用菌的生长发育又影响着周围的环境。不同种食用菌由于原产地的差异,对生活环境的要求不同,如金针菇喜寒、草菇喜暑;口蘑盛产于草原,猴头菌则出现在枯枝上;鸡纵菌多扎根在蚁窝中,牛肝菌总是长在松根旁。就同一种食用菌在不同发育阶段,也需要不同的环境条件。了解食用菌所需的生态环境,对于指导食用菌生产至关重要。影响食用菌生长发育的环境条件主要有水分、湿度、温度、空气、酸碱度(pH 值)和光照等。

(一)环境因素

1. 温度

温度是影响食用菌生长发育和自然分布的重要因素之一。在人工栽培中,温度直接影响各个生长阶段的进程,决定生产周期的长短,也是食用菌产品质量和产量决定性因素之一。不同种类的食用菌或同一种食用菌的不同品系及不同的生长发育阶段,对温度的要求不尽相同(表 4-1)。

表 4-1　几种食用菌对温度的要求　　　　(℃)

食用菌种类	菌丝体生长温度		子实体分化与发育的温度	
	生长温度范围	最短温度	子实体分化温度	子实体发育温度
蘑菇	3~32	24~25	12~16	9~22
大肥菇	3~35	28~30	20~25	18~25
金针菇	3~34	22~26	12~15	8~14
凤尾菇	15~36	24~27	20~24	8~32
平菇	7~37	26~28	7~22	13~17
香菇	5~35	22~26	7~21	5~25
草菇	15~45	32	22~30	28~38
滑菇	5~32	24~26	5~20	7~10
黑木耳	12~35	22~28	20~24	20~27
银耳	5~38	25	18~26	20~24
猴头菇	12~33	21~25	12~24	15~22

(1)菌丝生长阶段。各类食用菌菌丝生长速度的快慢,除本身固有的特性之外,主要受温度制约。它们均有各自相对应的温度范

围和最适温度。在菌丝体阶段,根据菌丝对温度的要求,可将食用菌分为三大温型。一是低温型,菌丝生长极限温度为 30～32℃,最适温度为 21～24℃,如金针菇、滑菇;二是中温型,菌丝生长极限温度为 35℃,最适温度为 25～26℃,如香菇;三是高温型,菌丝生长极限温度为 45℃,最适温度为 32～35℃,如草菇。在最低和最适温度之间,菌丝生长速度随温度升高而加快;在最适与最高温之间,菌丝生长速度随温度升高而减慢。应该注意:这里所指的最适温度是菌丝生长最快时的温度,但生产中往往不是最合适的温度,因为菌丝生长最快时细胞呼吸旺盛,物质消耗过快而菌丝生长细弱。因此,生产上常把发菌温度控制在略低于生理最适温度 2～5℃的范围内培养,虽然菌丝生长速度略慢,但菌丝长得健壮、浓密、旺盛。食用菌的菌丝较耐低温,不耐高温。一般在 0℃左右不会死亡。如口蘑菌丝体在自然界可耐 -13.3℃ 的低温,香菇菌丝在菇木内遇到 -20℃ 的低温仍不会死亡。但食用菌一般不耐高温,如香菇菌丝在 40℃ 下 4 小时,42℃ 下 2 小时,45℃ 下 40 分钟就会死亡。其他食用菌的致死温度均在 45℃ 以内。然而草菇例外,它在 40℃ 温度下可以旺盛生长,但不耐低温,菌丝在 5℃ 以下很快死亡。

(2)子实体发育阶段。食用菌在菌丝生长、子实体分化及发育 3 个阶段中,对温度的要求各不相同。一般菌丝体生长阶段所需温度较高,子实体分化时期所需温度较低,子实体发育所需温度介于二者之间。按照原基分化时对温度的要求可将食用菌分为 3 种类型:低温型子实体分化最高温度在 24℃ 以下,最适温度为 20℃ 以下,如香菇、金针菇、双孢菇、平菇、猴头菇等,通常在秋末至春初产生子实体。中温型子实体分化最高温度在 28℃ 以下,最适温度 22～24℃。如木耳、银耳、大肥菇等,多在春、秋季产生子实体。高温型子实体分化最高温度在 30℃ 以上,最适温度在 24℃ 以上。如草菇、长根菇等,此类食用菌大多在盛夏发生。此外,根据子实体分化阶段对变温刺激的反应,又可将食用菌分为两大类:变温型变温处理对子实体分化有促进作用。如香菇、侧耳等,菌丝从生理上发育成熟后,单受降温刺激不能形成菇蕾,必须有一定的温差刺激,温差幅度越大出菇越快,越多,将这些菌类称之为变温结实性食用菌。变温结实菇类当诱导菇蕾形成之后,子实体发育和温差大小关系不大,但生长快慢与温度高低有关。温度偏高,生长周期缩短、生长快、菌盖薄、开伞早、干物质少、品质差;相反温度偏低、生长缓慢、肉质紧密、菌盖厚、质量好但周期长。恒温型变温对子实体分化无促进作用,如木耳、双孢蘑菇、草菇、猴头菇、灵芝、大肥菇等。双孢蘑菇子实体发育最佳温度为(16±1)℃。温度突然上升或下降都容易导致蘑菇早开伞。这些菌称之为恒温结实性菌。另有一些菌类,子实体原基分化阶段不需变温,称之为恒温结实性菌类,如蘑菇、猴头菇、黑木耳、草菇、滑菇等。子实体原基形成后,所需温差较小,原基能否健全发育形成子实体,取决于菌体所处的环境温度是否能保持相对稳定,如双孢蘑菇营养菌丝最适温度为24℃,子实体发育过程中,气温突然回升或急速下降都将使蘑菇子实体硬开伞。

2.水分及湿度

水分指的是食用菌生长基质的含水量;湿度指食用菌生长环境中的空气相对湿度。各种食用菌在其生长发育过程中对水分和湿度的要求不同,同一食用菌在不同的发育阶段、不同的栽培基质中,对水分的要求也不同。下面以食用菌的两个发育阶段讨论基质水分和环境湿度的要求。

(1)菌丝体生长阶段。对水分要求人工栽培的食用菌,其营养菌丝阶段所需的水分,主要来自培养基。为促进菌丝在基质中快速萌发、健壮生长,播前控制好培养料中的含水量十分重要。以段木栽培香菇为例,含水量以35%~45%为宜,因为在此范围内木材中部分导管、木纤维及细胞间隙有一定的水分,部分间隙、导管水分较少,菌丝生长时既能吸收到水分,又具有一定的通气性,因而易萌发定殖。接种一年后的段木,随着年份的增加,菌丝量的增殖、孔隙度相应加大,含水量也应提高到60%左右,以利菌丝的生长和子实体大量形成。用木屑、棉籽壳、稻草等进行袋料栽培,原料质地疏松,孔隙度大,适宜含水量在 58%～65%。例如,双孢蘑菇播种时的含水量是 60%～65%,如果高于或低于这个标准,都会使产量降低。因为菌丝束的形成常由培养料的含水量来决定,若培养料的含水量为 40%～50%,菌丝生长慢,而且稀疏或不能形成菌丝束;若培养料的含水量超过 65%时,随着水分的增加通透性下降,菌丝束的形成则减少,若含水量超过 75%时菌丝则停止生长。因此,掌握好培养料的适宜含水量是发菌好坏的关键,虽然配料时已按要求满足了各类食用菌的水分需要量,但是在发菌过程中由于菌丝的吸收和蒸发(特别是微孔发菌法),常会损失部分水分,严重时会影响菌丝生长和出菇。因此,当空气干燥时,应通过向地面喷水等方式,使空气相对湿度维持在 70%～75%。

(2)子实体发育对水分湿度的要求。食用菌子实体含水量一般为菇体重量 85%～93%。其水分绝大多数是从基质中获得,只有培养料水分含量充足时,才能形成子实体。但由于子实体裸露于空气中,故也不能忽视空气湿度对子实体发育的影响。子实体原基形成以后,代谢旺盛,组织脆嫩,能否正常发育,一定条件下取决于周围环境的相对湿度。因而控制好出菇期空气的相对湿度特别重要。食用菌对空气相对湿度的要求,随种类和发育阶段而有差异。一般子实体形成时期要求的空气相对湿度比菌丝生长阶段要高些。如平菇,菌丝体生长阶段要求空气相对湿度为 70%～80%;子实体发育阶段的适宜空气相对湿度为 85%～95%。如果空气相对湿度低于 60%,平菇子实体就会停止生长,当空气相对湿度降至 40%～45%时,子实体不再分化,已分化的幼菇也会干枯;但空气相对湿度超过 96%时,由于菇房过湿,易引起 CO_2 积累、蒸腾速度降低、营养物质传导受阻、易招致病虫害滋生,导致食用菌生长发育不良而减产。不同食用菌对湿度的要求不同(表4-2),根据湿度对食用菌生育的影响,可把食用菌分为喜湿性和厌湿性两类。喜温性的菌类有草菇、平菇等;厌湿性的菌类有香菇、蘑菇等。在生产食用菌时,必须根据所栽食用菌的生物学特性,灵活采取通风换气,少喷、勤喷水,干湿交替等措施来调节空间相对湿度,以利于子实体的生长发育。

表 4-2 几种食用菌对基质水分和空气的要求

食用菌种类	菌丝体生长温度		子实体分化与发育的湿度	
	生长温度范围(℃)	最适温度(℃)	子实体分化湿度(%)	子实体发育湿度(%)
蘑菇	3～32	24～25	12～16	9～22
大肥菇	3～35	28～30	20～25	18～25
金针菇	3～34	22～26	12～15	8～14
凤尾菇	15～36	24～27	20～24	8～32
平菇	7～37	26～28	7～22	13～17
香菇	5～35	22～26	7～21	5～25
草菇	15～45	32	22～30	28～38
滑菇	5～32	24～26	5～20	7～10
黑木耳	12～35	22～28	20～24	20～27
银耳	5～38	25	18～26	20～24
猴头菇	12～33	21～25	12～24	15～22

3.空气(氧和二氧化碳)

食用菌为好氧性异养生物。在其新陈代谢中均以有机物作为呼吸底物。同其他生物一样,需要吸入氧气,排出 CO_2,同时放出能量。因此,呼吸作用是食用菌维持正常生命活动不可缺少的生理过程。可见,栽培食用菌必须通入一定的新鲜空气,才能保证其优质稳产。一般不同发育阶段需氧量大小不同。生殖生长阶段需氧量大于营养菌丝阶段需氧量。

(1)营养菌丝生长阶段。氧的正常供应对菌丝生长是必需条件,不同菌类在营养菌丝阶段需氧量存在着差异。在通气不良情况下,大多数食用菌菌丝生长受到严重抑制,表现出菌体生活力下降,生长缓慢,菌丝体稀疏等症状。菌丝生长阶段不仅需要氧气供应充足,同时对高浓度的 CO_2 反应敏感,而且不同的食用菌对 CO_2 的耐受力也不同。例如,双孢蘑菇菌丝体在 10% 的 CO_2 浓度下,其生长量只有在正常通气情况下的 40%,CO_2 浓度越高,产量越低。平菇等食用菌虽能忍耐一定的 CO_2,但浓度较高时就抑制菌丝的生长。

平菇袋料栽培,采用塑料袋微孔通气增氧发菌技术使发育时间缩短40%,成功率达95%以上,杂菌发生率明显下降。在香菇、银耳等袋料栽培过程,采取增氧发菌措施,也有促进菌丝生长的效果。

(2)子实体阶段。食用菌种类不同,需氧量也不同,据氧对子实体发育的影响,可将食用菌分为两类:一类是对 CO_2 敏感菌类:如蘑菇、灵芝、香菇、木耳;另一类是对 CO_2 不敏感菌类,如金针菇、侧耳等。一般子实体阶段比菌丝体生长期对 CO_2 的耐力低,子实体分化期与子实体生长期对 CO_2 的耐受力又稍有差别。即子实体分化初期,低浓度的 CO_2(0.034%～0.1%)对子实体的形成是必要的,但是,一旦子实体原基形成,由于呼吸旺盛,对氧的需求也急剧增加,这时 0.1% 以上的 CO_2 浓度对子实体就有毒害作用。据调查,在人防工事中栽培平菇,如洞中 CO_2 浓度在 1 000 毫克/升以下时子实体尚可正常形成;当空气中 CO_2 浓度超过 1 300 毫克/升时,就会发生畸形菇。可见,要使食用菌正常发育,就必须保证良好的通风,否则菇体会出现畸形。如胶质菌(银耳、木耳)进行室内栽培通风不良时,耳片不易展开,即使展开,耳蒂也过大,干品泡松率低。香菇野外人工段木栽培时畸形率为 1%～2%;而在室内进行代料栽培时,往往第一潮菇的畸形率高达 50%～70%,这和栽培室的 CO_2 浓度高低有关。灵芝子实体形成对 CO_2 更为敏感, CO_2 在0.1%浓度时不形成菌盖,菌柄分化呈鹿角状; CO_2 浓度增到 10%时子实体形态极不正常,甚至连皮壳也不发育。又如双孢蘑菇,当菇房中的 CO_2 浓度大于 1%时会出现菌柄长、开伞早、品质下降等现象; CO_2 浓度超过 6%时,菌盖发育受阻,菇体畸形,商品价值下降。人工栽培金针菇时与上述情况则不同,在菇蕾形成之后,提高 CO_2 浓度到 1%,子实体产量和品质良好,但 CO_2 浓度高达 5%时,即抑制子实体的形成。因为一定浓度的 CO_2 能抑制金针菇的菌盖开伞,促进菌柄伸长。人们利用这一特性促使子实体不易开伞,使菇柄生长达到一定长度,以提高商品价值。因此,为了满足子实体对氧气的需要,原基形成后,要加强通风换气,并要随子实体的长大而加大通风换气量。一方面可排除过多的 CO_2 和其他代谢废气；另一方面还可调节空气的相对湿度，减少病菌滋生。可见，栽培食用菌过程中，菇房内经常进行通风换气，是获得高产优质子实体的一项关键措施。

4. 酸碱度(pH 值)

酸碱度指溶液酸碱性的强弱程度。培养基质溶液的酸碱性，取决于其中氢离子(H^+)或氢氧根离子(OH^-)的浓度。当 H^+ 浓度大于 OH^- 浓度时，是酸性；反之，则是碱性。只有当两者的浓度相等时，溶液才表现为中性。所以，溶液的酸碱性强弱可以用氢离子浓度来表示。在化学上采用氢离子浓度的负对数来表示溶液的酸碱度，这就是 pH 值。pH 值的范围通常在 0～14，以 7 为中性，小于 7 时越小越酸，大于 7 时越大越碱。大多数的食用菌喜欢偏酸性环境，适宜菌丝生长的 pH 值在 3～8，最适 pH 值 5～5.5。但不同种类的食用菌对 pH 值有不同的要求，每种食用菌都有其生长最适 pH 值和最低、最高 pH 值范围(表 4-3)。一般木腐菌类和共生菌类及寄生菌类大都喜欢在偏酸的环境中生长；粪草类食用菌喜欢在偏碱性的基质中生长。总的来说，适宜菌丝生长的 pH 值大于 7.0 时生长受阻，大于 9.0 时生长停止。如猴头菌是最耐酸的食用菌，它的菌丝在 pH 值 2.4 时仍能生长。草菇是一种耐碱的食用菌，其孢子萌发与菌丝体生长的最适 pH 值为 7.5 左右，在 pH 值 8.0 的草堆中，其子实体仍能发育良好。

人工栽培食用菌应控制培养基 pH 值在适宜范围内，否则将会影响菌丝的新陈代谢。配料时，料内的 pH 值应比最适 pH 值偏高些，因为培养基的 pH 值在灭菌或堆制时要下降；另外，菌丝体在新陈代谢中也要产生有机酸(如醋酸、琥珀酸、草酸等)，使基质中 pH 值下降。生产上为了使菌丝稳定生长在最适 pH 值范围内，常在培养基中加 0.2% 的磷酸氢二钾和磷酸二氢钾等缓冲物质。如果所培养的菌类产酸过多，也可在培养基内加少许碳酸钙、石灰等，以中和或缓冲培养基酸度的变化。

表 4-3　几种食用菌对 pH 值的要求

食用菌种类	适宜 pH 值	最适 pH 值	食用菌种类	适宜 pH 值	最适 pH 值
双孢蘑菇	5.5～8.5	6.8～7.0	凤尾菇	5.8～8.0	5.8～6.2
香菇	3.0～7.5	4.5～6.0	银耳	5.2～6.8	5.4～6.5
金针菇	3.0～8.4	4.2～7.0	黑木耳	4.0～7.0	5.5～6.5
滑菇	3.0～8.0	4.0～6.0	猴头菌	2.4～5.4	4
平菇	3.0～7.2	5.5	茯苓	3.0～7.0	4.0～6.0

5.光照

食用菌与光有密切关系。不同种类的食用菌和同一种类的食用菌在不同的生育阶段对光的要求不同。

(1)光照与孢子产生和萌发。除双孢蘑菇可以在黑暗条件下产生孢子外,多数食用菌必须在有光的条件下才能形成孢子和散发孢子。多数食用菌孢子的萌发,对光线要求不严,如香菇、平菇、金针菇、木耳等,在明或暗的条件下,孢子均能萌发,但光线对双孢蘑菇和裂褶菌的孢子萌发有抑制作用。

(2)光与菌丝体生长。食用菌不含色素,在菌丝体生长阶段不需要光。光对营养菌丝生长甚至是一种抑制因素。人工栽培食用菌时若忽视了这一点,会导致菌种或菌袋等发生异常现象。如香菇接种后,在明亮的条件下培养,其瓶口或菌筒表面会过早地形成褐色菌膜,消耗养分影响菌丝生长。又如黑木耳、毛木耳菌种见光后,易在培养基表面上或菌袋面上出现胶质团的耳丛,转管次数越多,这种提早衰老现象也越易出现,因此,菌种培养室应在通风的前提下,保持黑暗。最好以红灯作为安全工作灯,因红光不易诱发子实体的形成,对菌丝生长无影响。

(3)光与子实体原基分化和发育。除了在无光条件下能完成整个生活史的菌类(茯苓、大肥菇)以外,一般地说,食用菌在子实体分化和发育阶段都需要一定的散射光。如香菇、滑菇等在空气黑暗的条件下,不能分化出子实体原基。金针菇、平菇在黑暗条件下虽然形成原基,但原基不能发育成子实体。而金针菇却例外,它在暗光条件下能形成柄长、盖小、色白的"优质菇"。食用菌种类不同,所需光照强度及光照时间的长短有所不同,如段木栽培的香菇原基分化只需 0.1～1 勒克斯。而草菇则至少需要 50 勒克斯的光照。

光质对子实体的形成也有影响,适合香菇原基形成的最适波长是 370～420 微米。对菌丝生长有抑制作用的蓝紫光却对子实体分化最有效,在蓝光下不但分化速度快,分化数量和菇体成长情况均与全光下相似。光照对子实体的形态、品质和色泽等也有很大影响。不同的光强度和光质可显著地改变菌柄的长度和菌盖形状。光照不足时草菇呈灰白色,黑木耳的色泽也会变淡,耳片薄而软,黑木耳只有在光强为 250～1 000 勒克斯时,才会出现正常的红褐色,耳片厚,质嫩而具弹性的子实体。因此,子实体发育需要光照的食用菌不可栽植在完全黑暗的菇房内,必须有一定的光照。

(二)生物因素

在自然界中食用菌不是单独生存的,它的生长发育过程与其他生物的生命活动密切相关。这些生物因素主要指植物、动物和微生物,其中有些是有益的,有些则是有害的。

1.食用菌与植物

有的食用菌与植物共生形成菌根,能与植物形成菌根的真菌称为菌根真菌。菌根有外生菌根和内生菌根两大类型。外生菌根的特征是:真菌在宿主的根外形成一层较厚的套膜,从套膜处有一部分菌丝长入根的皮层组织,然而它并不在细胞内形成吸器,而是菌丝在皮层细胞间形成网络,称作哈氏网。网络中的菌丝紧贴宿主皮层的细胞壁,从而吸收其养分,宿主和菌根菌的代谢产物经过网络作双向转运,宿主叶部光合作用形成的碳水化合物流入根部的菌丝内,根部所分泌的氨基酸等有机物质也可被菌丝吸收,由菌根自土壤中摄取的磷、钙、钾等矿质元素,输入宿主根部,宿主和真菌为互利关系。木本植物的菌根多半是外生菌根,如赤松根与松口蘑,马尾松根与红针乳菇和松乳菇。

内生菌根的特性是:内生菌根真菌的菌丝在宿主根部不形成套膜,但在皮层中的菌丝侵入细胞内部,其菌丝也可扩展到根周围的土壤中,但没有外生菌根菌丝串得那么远,如蜜环菌和兰科植物天麻就属于这种类型,蜜环菌侵入天麻的地下块茎后,局限于在表皮细胞内生长,当它继续伸入时,其尖端菌丝即被溶解,释放出内含物供天麻吸收利用。

2. 食用菌与动物

动物与食用菌的关系也很密切。有些动物能传播食用菌的孢子。如竹荪的孢子靠蝇类传播,块菌的子囊果生于地下,它的孢子是通过野猪挖掘才能得到传播。有的动物和食用菌构成共生关系,如黑翅土白蚁和鸡纵菌。鸡纵菌生长在蚁巢上,菌丝即成了幼白蚁的主要食物,而经白蚁半消化的植物材料却成了鸡纵菌丝生长发育的培养基,两者构成了奇妙的共生关系。然而绝大多数的昆虫,如菇蝇、菌蚁、螨类、跳虫等都是食用菌的天敌,它们吞噬菌丝体或咬食子实体,伤口还易受到微生物的侵染而带来病害。一些蛾类或甲虫则为害食用菌的菇木、耳木,对食用菌引起间接为害。

3. 食用菌与微生物

(1)食用菌与有益微生物。微生物的种类很多,其中,有许多能为食用菌提供必要的营养物质,如假单孢杆菌、嗜热真菌和嗜热放线菌、高温放线菌等能分解纤维素、半纤维素,软化草茎为蘑菇生长提供必要的氨基酸、维生素和醋酸盐等。微生物自身繁殖的菌体蛋白和多糖体,在它们死亡后的残体又是蘑菇良好的营养来源。嗜热放线菌可产生生物素、硫胺素、泛酸和烟酸等。腐殖霉可合成 B 族维生素。栽培蘑菇的培养料就是由微生物发酵堆制而成。但是培养料中的微生物繁殖过多,会大量耗尽营养物质,降低培养料的质量。有的食用菌必须与其他微生物伴生。如银耳不能分解纤维素和半纤维素,对淀粉也不能很好地利用,因此,它不能单独在木屑上生长,只有银耳孢子与香灰菌丝混合接种在一起,才能繁殖结耳。

为此,在生产银耳菌种时要将两种菌种混合接在一起,这样的银耳菌种不是纯银耳菌丝体,而是银耳和香灰菌丝的混合体。一些微生物能促进蘑菇子实体的形成。一些球形菌丝微生物为蘑菇菌丝体产生挥发性代谢物质所"吸引"而聚集在菌丝体周围,这些微生物所产生的甾醇、核苷酸等或激素类物质,又能促进蘑菇菌丝的生长发育,促进它们从营养生长转入生殖生长。蘑菇的形成实际上是菌丝体和某些特定微生物共同活动的结果。栽培蘑菇覆土的作用,就在于吸附菌丝体产生的挥发性代谢物,使覆土层中的球形菌丝微生物得以大量繁殖。因此,双孢蘑菇的子实体只有覆土后才能大量形成。

(2)食用菌与有害微生物。有不少微生物与食用菌争夺营养,污染培养基或引起食用菌病害,如细菌、放线菌、酵母菌等。栽培上统称它们为杂菌。此外,还有一种目前已蔓延成世界性的蘑菇病毒病。病毒是世界上最微小、结构最简单的原始生命体,没有细胞结构,只有蛋白质和核酸两种成分;也没有独立的代谢系统,只能寄生于生物的活细胞内,被病毒为害的蘑菇,系统发育受阻,产生畸形、褐变、出水腐烂。例如,双孢蘑菇的水柄病毒和凋萎病毒,它们所致的病害都能造成严重损失。凋萎病毒是由受凋萎病毒为害的蘑菇的孢子传播的。这种孢子的生命力和抗逆性均较健康蘑菇者强,其萌发也较健康者迅速。特别是它的芽管可以和健康菌进行菌丝融合,因此,为母种制作带来危险。当这种带毒孢子飘落在未覆土的菌床上后,可使全床感染,危害性甚大。

第五章　食用菌菌种生产

食用菌的菌种,相当于高等植物的种子。它是用作菌类培养的纯粹培养物或孢子。人工栽培食用菌时,孢子虽然是它的种子,但生产上都不用孢子进行直接播种,而是用孢子、组织和寄主上获得的纯菌丝体作为播种材料。因此,通常生产上所用的菌种,实质上是经过人工培养并进一步繁殖所获得的食用菌的纯菌丝体。菌种根据其制成后的物理性状又可分为固体菌种和液体菌种两类。固体菌种有母种、原种和栽培种之分。液体菌种有一级种子、二级种子和三级种子之别。

母种:从自然界首次分离出来的纯菌丝体称母种。

原种:把母种接入粪草、棉籽壳、木屑等固体培养基上,所培育出来的菌种称原种。

栽培种:将原种再接入同原种培养基相同或类似的基质上。进行扩大繁殖培养的菌种称为栽培种。液体菌种采用摇瓶培养和深层发酵技术培养,具有发菌快、周期短、菌龄一致等优点,但所需设施比较昂贵,大规模地用于生产仍有一些具体困难,因此,下面主要介绍固体菌种的生产程序。

一、菌种分级

1. 母种(一级种)

母种是指用于繁殖培养食用菌的出发菌株。母种的来源可以是自己通过选育并经试验证明有使用价值的菌株,也可以是引进的并经试验证实有使用价值的菌株。作为生产上使用的出发菌株,不管是何种来源都要经过严格的栽培试验,掌握菌株的基本生物学特性后方可投入大面积使用。对于引进的菌株在编号上要忠于原始编号,不可乱改编号。母种常用玻璃试管斜面培养,这种培养方法具有观察方便、容易鉴别和易于保存的优点。随着我国菌政管理的加强和相关法规的出台,今后菌种生产必须使用经专门技术部门鉴定或专门作物品种审定机构审定后确认的菌株,且一级种由限制地生产销售。

2.原种(二级种)

原种是由母种扩大培养而成的菌种。这一级菌种是为了加快食用菌繁殖速度,满足大面积栽培时生产栽培种的需要而设置。通过这一过程,检验母种菌丝在不同基质上的适应性。原种使用基质通常与栽培基质相同或相似,原种繁殖培养过程也是生理驯化过程。在培养时应当认真检查菌丝的纯培养程度和菌丝的长势,保持纯种培养。原种制作所用容器要求使用透明度好的玻璃瓶。

3.栽培种(三级种)

这是指直接用于生产栽培的菌种,多由原种扩大培养而成,常以菌瓶或菌袋作为容器。食用菌之所以需要母种、原种、栽培种3个连续的制种过程,就是为了纯菌丝体的扩大繁殖,如通常1支母种试管可转10瓶原种,每瓶原种可转50~60瓶栽培种,每瓶栽培种若种平菇可投料2~5千克栽培料,且随着菌种的逐级扩大繁殖,不仅菌种数量增多,而且菌丝体变得更加粗壮,分解基质能力也增强,优质的菌种无疑是高产优质的坚实基础。

二、制种设施

菌种生产是食用菌生产的基础,建立合理的菌种生产厂房是生产优质种的基本保证。

(一)菌种厂布局

厂房应按照容器洗涤—原料配制—蒸汽灭菌—分离或接种—

菌丝培养的程序进行平面布局,相应安排上述几步,使其就近操作,形成一条流水作业的生产线,以提高工效和保证菌种质量。有条件的地方还应建造供分析化验的实验室、成品贮存室及原料库等。建造时接种室应远离出菇试验室和原料贮存室。因菇房湿度大且生产食用菌的原料多为农副产品或下脚料,极易发生病虫为害,导致接种污染。这种布局适合于大规模工厂化的菌种生产。在用房紧缺特别是农村专业户生产时,洗涤室、配料室、灭菌室可合为一间,也可在室外搭棚建造,培养室可设在干净且能保温的室内,但至少应具备一个专用的接种室。农村专业户生产菌种以从栽培种做起为宜。

(二)接种设备与接种工具

接种设备:它是用来分离和扩大各级菌种的专用设施。

1.接种室

接种室又名无菌室。接种室的面积不宜过大,太大不利于消毒,太小操作不便。一般接种室面积多为 6 平方米,高 2～2.2 米。菌种生产量大也可适当扩大其面积。接种室由缓冲间和接种间两部分组成,缓冲间面积约占接种室面积的 1/3,并应备有专用的摆放衣、帽、鞋、口罩及盛有来苏尔等消毒液的搪瓷盆等的架或钩,有条件时缓冲间最好安装紫外线灯 1 支。缓冲间和接种间要有天花板的顶棚,两道门都采用推拉门,以免空气流动大,引起杂菌污染。接种间的墙壁、顶棚与地面都要刷油漆,使室内光滑便于消毒。如在油漆上贴一层锡箔能强烈反射紫外线,杀菌效果更好。接种室内工作台上方安装 40 瓦日光灯和 30 瓦紫外线灯各 1 支。在接种间的门口顶棚上装一通气孔,以便空气流通,工作舒适。通气孔的直径为 15～20 厘米,用 8～12 层纱布盖住,消毒时盖上盖板,接种时去板适量通气。有条件的话可安装过滤空气的通风机械设施。接种间的两侧设有摆放菌种的木架。

2.接种箱(无菌箱)

接种箱是由玻璃和三合板制成,分单人、双人操作两种,农村专业户较适宜用接种箱。设计要求:规格长143厘米,宽86厘米,高159厘米,箱的上层和两侧安装玻璃,能灵活开闭,以便观察和操作,箱的两侧各留两个直径为15厘米的孔口,孔口上装有40厘米长的布套袖,双手伸入箱内接种时,布套袖的松紧带套住手腕外,以防外界空气中的杂菌进入;箱的内外均用油漆涂刷,箱内要装有紫外线灯和日光灯各1支;消毒时把手孔用推拉板挡住或用报纸把孔口糊住,以利于封闭严密,消毒彻底。

3. 自制简易接种罩

(1)做接种罩底。首先选择一块类似接种箱的底板材料,如门扇板或在夏天乘凉用的木凉床等,长1.8～2米,宽80厘米。也可用几块小木板拼成也行。

(2)做接种罩。接种底板选好后,再做支撑薄膜的支架,支架用竹片制成,竹片宽5厘米,长2米,弯成弓形,用铁钉钉在底板的边缘上,顺着木板方向等距离钉5根,在这5根竹片上再用5根竹片用棉索固定,将此底板支架放在凳上,这样一个简易的接种支架就搭成了。做罩就用折宽2米的筒料农用薄膜将整个支架、凳子罩住。注意凳脚底用布片衬垫,防止薄膜刺穿。然后将薄膜朝内拉绷紧,用凳脚压住,薄膜两端用绳缠住即可。

(3)做接种袖套。接种袖套用折宽26厘米的4只栽培香菇的外袋制作。将接种罩上的薄膜中心线向两侧30厘米,距底板10厘米各开一个直径为16厘米的圆洞,相对面也开两个同样大小的圆洞。用宽5厘米,长55厘米的布条将4只外袋用针线钉在4个洞口上,外袋袖套的另一端用橡皮筋扎住即可。每次接种之前要检查袋是否漏气,如有穿孔要及时修补。

(4)做接种窗口。可用透明聚丙烯薄膜做成,一般服装商店包装衬衣的包装盒内都有此薄膜,或到制作名片的复印部也有此类薄膜,用玻璃纸更好。将此薄膜剪成30～40厘米的方块,在两只袖套上方的适当位置将农用膜开一个小于窗口膜的洞,用透明胶将窗口膜粘在此洞上,这样接种窗口就做成了。在使用时,一定要检查接种罩是否漏气,接种罩内用气雾消毒剂熏蒸,消毒物品放进罩内后,两端的薄膜要扎紧,在接大袋菌袋时,可把接好的菌袋放在底板下方,便于下步操作,只要严格按照操作规程,购买的菌种质量好,接种成功率一般都在98%以上。

4.超净工作台

超净工作台是一种局部层流(平行流)装置,能在工作台局部造成高洁净度的工作环境。它是由工作台、过滤器、风机、静压箱和支承体等构成。室内的风经过滤器送入风机,由风机加压送入静压箱,再经高效过滤器除尘,洁净后通过均压层,以层流状态均匀垂直向下进入操作区,由于空气没有涡流,故任何一点灰尘或附着在灰尘上的细菌都能就地被排除,不易向别处扩散转移,因此,使用前开动机器30分钟可使操作区保持既无尘又无菌的环境,且接种分离易成功,操作方便,尤其是高温季节,可使接种人员感到凉爽舒畅。除上述3种传统的接种设备之外,近年来新的接种设备陆续推出,如合肥中国科技大学迪亚电子公司发明的"迪亚氧原子环境消毒器",这种新型消毒器的特点是:高效、快速杀灭空气中和物体表面各种细菌、病菌,特别对影响食用菌生长发育的绿霉、曲霉、木霉、毛霉、链孢霉等各种霉菌更具杀灭率,消毒彻底,无死角、无残毒、无须辅剂;彻底解决了消除甲醛、高锰酸钾或其他药物带来的有害刺激和产生的过敏反应;操作简单,安全可靠,耗电少,使用寿命长。农村专业户特别是高温季节接种适宜用接种箱,工厂化或低温季节接种适宜用接种室,有条件的单位最理想的组合是接种室内放入超净工作台。

接种工具:接种工具是用来分离和移接菌种的专用工具,式样很多。主要有接种针,用于斜面试管和原种的转接,多用钯形、钩形两种,接种银耳芽孢可用环形,针头和针体部分一般用直径为0.6~0.8毫米的电炉丝、钢丝或铂金丝制作。用于接栽培种的工具有接种镊、接种铲、接种匙、接种钩和特制的木屑接种器等。此外,还有分离菌种用的手术刀、小刀、剪刀、锤头和乳胶手套等用品。

(三)菌种培养设备

菌种培养设备主要是指接种后用于培养菌丝体的设备,如恒温培养箱、恒温培养室等。

1. 恒温培养箱

它用于培养斜面菌种和少量原种,在20~40℃可任意调节,一般为专业厂家生产,也可自制,用三合板制夹层木箱,夹层内填放棉花保温,外壳也可用砖与水泥砌成,加热方式,可以安装红外线灯泡,也可用炉丝,但要搞好绝缘,不得漏电。外接10A控温仪即成。

2. 菌种培养室

菌种培养室的大小可根据制种规模的大小而定,但也不宜过大,太大不易保温管理,若生产量大可多建几间培养室。培养室可装电炉或电热丝加热,或用煤和木柴加温。但不宜在室内直接生火,应通过火道或火墙加温,即间接加温,室内设置床架,用以放置菌种瓶或袋,床架可用木制,也可用钢材或其他材料制作。床架宽度1~1.5米,4~6层,层间距40厘米。

(四)灭菌设备

灭菌设备专指用于培养基和其他物品消毒灭菌的蒸汽灭菌锅。由于食用菌生产的各种原料,经过配料后,多数需要入锅灭菌。因此,它是食用菌制种或是栽培中不可缺少的设备。其大小决定着生产规模,即生产规模大,所需的蒸汽灭菌锅的容量就大。除了专业厂家生产的高压蒸汽灭菌锅之外,近年来不少食用菌专业户就地取材,因陋就简,设计建造出了各种各样的常压灭菌灶,同样收到了良好的灭菌效果。

1. 高压蒸汽灭菌锅

常用的有手提式、直立式和卧式3种类型。

(1)手提式高压灭菌锅。主要用于母种试管斜面培养基,部分原种培养基、无菌水等的灭菌,容量较小,约14升,一次可容纳18米×180米的试管100支或500克菌种瓶14只。

（2）立式高压灭菌锅。这种高压锅的容量较前者大，一次可容纳 500 克的菌种瓶 60 只，主要用于原种、栽培种培养基的灭菌。

（3）卧式高压灭菌锅。该种灭菌锅的特点是，容量大，一次可容纳菌种瓶 500～1 000 只，主要用于栽培种或栽培料的灭菌。以上三种高压锅其热源可为电、煤或蒸汽。

2. 常压蒸汽灭菌灶

介绍一个由河北蔚县蔚州镇一街设施农业示范园，梁文骞自制的简易灭菌桶。取旧汽油桶 1 个（里面的残渣要清洗干净），先砖砌比桶高长 10 厘米、比桶径宽 10 厘米的炉台，用粗 16 毫米、长 30 厘米的圆钢 10 根作炉条，一侧留鼓风机风道。在桶壁靠桶盖处焊 1 根 6 分钢管装上阀门作加水和排污用；在桶壁的另一面靠桶底处焊 2 根分管作排气用，上接黑胶管；在桶盖方一侧上下各焊一根 4 厘米长细钢管（L 形），中间接一根透明塑料管作水位计。然后将油桶卧放在炉台上。桶盖向前，桶底向后，前低后高。靠桶底砌烟窗尽量利用余热，两侧砌炉壁以包住下半个油桶为宜。，这样一个简单的蒸汽发生器就成功了。在炉台的一侧铺一块水泥地或铺 2 层薄膜（面积因料而定），上面铺砖或木棒然后堆料，排汽管放在料堆下面，上盖 3～4 层薄膜，四周用砖压好，烧起锅后保持 6～8 小时，闷一夜，出锅接种。这样的炉台最好能在菇棚里也砌 1 个，冬季只需将油桶搬到棚里即可蒸汽加温，一炉多用，生产任务紧时也可在炉台的另一侧再装一堆料，二堆料轮流灭菌，既省煤又省工、省时，比土蒸锅方便、经济实用。

三、培养基的种类与制备

经各种菌种分离方法获得的纯菌丝，通过出菇（耳）试验，确认是优良菌株，即可进行母种扩大繁殖和原种及栽培种的制作，以供栽培上用之。

母种培养基的配制如下：

母种培养基,一般用试管作为容器,所以又称试管斜面培养基,常用于菌种分离、提纯、扩大、转管及菌种保存。

1.母种培养基配方

(1)马铃薯葡萄糖琼脂培养基。马铃薯(去皮)200克,葡萄糖20克,琼脂20克,水1 000毫升。广泛适用于培养、保藏各种真菌。适宜于培养各种菇类。

(2)马铃薯玉米粉培养基。马铃薯200克,蔗糖20克,玉米粉50克,琼脂20克,石膏1克,磷酸二氢钾1克,硫酸镁0.5克,水1 000毫升。配制时必须注意石膏应在分装时加入,不能煮,否则会影响培养效果。作为培养猴头菌的培养基,在灭菌后摆成斜面之前,在无菌条件下每支试管加入25%乳酸1滴,然后再摆成斜面,这种加酸的培养基能促进猴头菇菌丝生长,但是乳酸不能在灭菌之前加入,否则会影响培养基的凝固。本配方适合于香菇、黑木耳、猴头菌的培养。

(3)马铃薯黄豆粉培养基。马铃薯200克,蔗糖20克,琼脂20克,黄豆粉20克,碳酸钙10克,磷酸二氢钾1克,硫酸镁0.5克,水1 000毫升。适用于蘑菇、草菇。

(4)完全培养基。硫酸镁0.5克,磷酸二氢钾0.46克,磷酸氢二钾1克,蛋白胨2克,葡萄糖20克,琼脂15克,水1 000毫升。是培养食用菌最常用的培养基,有缓冲作用,适于保藏各类菌种,用于培养银耳芽孢,孢外多糖减少,菌落较稠,有利于与香灰菌交合。

(5)玉米粉蔗糖培养基。玉米粉40克,蔗糖10克,琼脂18~20克,水1 000毫升。制作方法:将玉米粉放入500毫升水中煮沸20~30分钟或加热至70℃1小时。取另外500毫升水,加入琼脂,并加热溶化过滤后,将两液混合加入蔗糖,充分搅拌,补足水至1 000毫升。此培养基适合于大多数食用菌,特别是适合于香菇、金针菇。

(6)银耳木屑菌种和煎汁培养基。银耳木屑菌种200克,琼脂20克,过磷酸钙1克,蔗糖20克,水1 000毫升。制作方法:将木屑菌种挖出拌碎加 1 000 毫升。水煮沸,维持 10 分钟,稍冷过滤,取滤液 1 000 毫升,加入琼脂溶化后再加入其他成分。适用于银耳酵母状孢子萌发成菌丝。

(7)栎木屑煎汁培养基。栎木屑 200 克,麸皮 200 克,葡萄糖 20 克,琼脂 20 克,硫酸镁 1 克,水 1 000 毫升。制作方法:把栎木屑、麸皮用单层纱布包住,分别放入 500 毫升水中煮沸 30 分钟,取滤液加琼脂,溶化后再加入其他成分,补足水至 1 000 毫升。适合于多种木腐菌,尤其是平菇、香菇、黑木耳、灵芝等。

(8)竹屑煎汁培养基。马铃薯 200 克,葡萄糖 20 克,琼脂 20 克,竹屑 200 克,维生素 C 50 毫克,维生素 B 1 10 毫克,水 1 000 毫升。适用于培养竹荪。

(9)绿豆培养基。每支试管装绿豆 6 克,水为绿豆的 1 倍,千万不能过量,高压灭菌 1.5 小时。适合作凤尾菇、金针菇、黑木耳培养基,接种后 7～10 天菌丝可长满试管。

(10)玉米粒培养基。玉米粒入清水,浸泡 4 小时,膨胀后捣碎成米粒大小,装入试管,装量为管高的 1/3,擦净管壁、灭菌、接种。适合于平菇、香菇、金针菇。因玉米粒富含玉米素等生长物质,可促菌丝生长浓密。

2.母种培养基制作方法

(以马铃薯葡萄糖琼脂培养基为例)按配方称取各种物质,将马铃薯洗净、去皮、挖眼、切片放入具有 1 100～1 200 毫升的铝锅内,煮沸维持 10～20 分钟,煮至马铃薯片软而不烂为宜,取滤液并加入琼脂,煮沸 5～10 分钟化开琼脂,加入其他营养物质,充分搅拌均匀并定容至 1 000 毫升,趁热分装试管,每一试管培养基分装量应为试管长度的 1/5 或 1/4,塞棉塞于试管口内,捆扎试管,把塞好棉塞的试管,每 7～10 支为一捆,用牛皮纸包住,用棉线捆好,放入高压锅中灭菌,在 0.10～0.12 兆帕压力下,灭菌 30 分钟,摆斜面,让其压力降至零后,立即取出试管摆斜面,培养基斜面长度以达到试管全长的一半为宜,灭菌效果检查,取 3～5 支斜面试管,放入 28～

30℃恒温箱内,空白培养 24～72 小时,检查无杂菌污染后,方可使用。

四、灭菌与消毒

微生物在自然界中的分布很广,食用菌生产中所涉及的原料、用水、设备、空气等都附着大量的真菌、细菌、放线菌、病毒等微生物和虫害,它们无时无刻在与食用菌争夺养料和侵害食用菌。这些杂菌和病虫害给食用菌生产造成很大为害和损失。在食用菌制种和栽培中,消灭和抑制有害微生物的活动,对食用菌进行纯培养是很有必要的,故消毒灭菌是食用菌生产过程中很重要的一环。

灭菌:是指在一定的范围内用物质物理或化学的方法,彻底杀灭物料、容器、用具和空气中的所有微生物。

消毒:是指用物理或化学的方法,杀灭物料中、物体表面及环境中的一部分微生物,即只能杀死微生物的营养体,不能杀死微生物的休眠体。

防腐:是指用物理学或化学的方法,暂时抑制微生物的生长。

除菌:是一种用机械的方法(如过滤、离心分离、静电吸附等)除去液体或气体中微生物的方法。

食用菌栽培灭菌法:将采用物理、化学或药物的手段将微生物全部杀死,人们都知道在食用菌栽培材料及空气、水和用具上到处都有微生物存在。当培养一种真菌时,培养基、器皿或用具必须经过灭菌后才能使用,否则会使培养物被其他真菌或微生物侵染而影响实际栽培。灭菌的方法很多,最常用的方法有以下几种。

(一)干热灭菌

用于一般玻璃用具、培养皿、吸管等将灭菌材料。用报纸包好后,放入烘箱中,使温度逐渐升至150～160℃保持 2 小时后,关闭电源,使缓慢冷却。(降温太快时玻璃易碎)即灭菌完毕。

（二）湿热灭菌

湿热灭菌就是利用蒸汽杀菌。它不需要像干热灭菌时那样高的温度，因为加热杀菌是使微生物的蛋白质凝固。而蛋白质凝固与含水量、温度等有关，含水量大时使其凝固所需要的温度低，反之含水量小使其凝固时所需要的温度高，湿热灭菌又分常压和高压两种。

1. 常压法

常压灭菌是用蒸汽锅（或普通锅）蒸的方法。温度达到100℃时一般需要4～6小时，温度不超过100℃时，根据灭菌量的多少，一般保持在8～24小时，即可达到无菌效果。在没有高压灭菌设备或在高温灭菌易破坏的培养基情况下多采用此法。另常压灭菌还有间歇灭菌法。此法比较麻烦，通常必须进行3次。每次1小时，因为第一次蒸后，其中营养细胞被杀死，而其芽孢还保持着活力，所以蒸后，将培养基放入温箱中24小时，待其芽孢萌发后，再蒸第二次，再经24小时，蒸第3次，这样才能灭菌彻底。

2. 高压法

此法乃是利用高压蒸汽杀菌锅进行灭菌，当用蒸汽灭菌时，如锅内增加压力，则温度亦随之增高，例如，压力0.56千克/平方厘米＝0.55兆帕，温度为112.6℃；如压力1千克/平方厘米＝0.98兆帕，温度可达120～121℃。通常理想灭菌为120℃，20分钟能达到目的。115℃，30分钟也就可以了。使用高压杀菌锅时要分别注意两点。

（1）增压前必须把锅内冷空气排尽，否则压力虽然升高，而其温度达不到要求。

（2）灭菌完毕后，应使锅内压力徐徐下降，不然，容皿中液体会喷出。棉塞也易脱落，致使前功尽弃，在无烘箱时，其他器皿也可用湿热灭菌，灭菌前应该用纸包好。

（三）火焰灭菌

对于接种针或其他金属用具的灭菌，可直接在酒精灯火焰上烧至红热,此外,在接种过程中,试管或三角瓶口,也采取通过火焰而达到灭菌的目的。

(四)药物灭菌

所用药品种类很多主要有:

①70%酒精,用于冷却烧红后的接种针,操作前手或用具的表面杀菌、载玻片、盖玻片的浸泡等。

②新洁尔灭,市售一般为5%溶液,用时稀释至万分之一到千分之一,用于工作环境和器皿表面的灭菌。

③0.1%升汞液,用于材料表面的杀菌,用具或废弃的培养物实验后的处理。

④福尔马林(40%甲醛溶液),用于空间的熏蒸灭菌,加热或加高锰酸钾使其放尽甲醛气体,注意将空间密闭并维持24小时。

(五)紫外线灭菌

紫外线灭菌,用于接种室等的空气灭菌。

五、菌种制作

(一)食用菌菌种的分离

菌种:食用菌生产中的"种子",菌种质量的好坏直接影响栽培的成败和产量的高低,只有优良的菌种才能获得高产和优质的产品,因此生产优良的菌种是食用菌栽培的一个极其重要的环节。

根据菌种的来源、繁殖代数及生产目的,把菌种分为母种、原种和栽培种。

母种:从孢子分离培养或组织分离培养获得的纯菌丝体。生产上用的母种实际上是再生母种,又称一级菌种。母种既可繁殖原种,又适于菌种保藏。

原种:将菌种在无菌的条件下移接到粪草、木屑、棉籽壳或谷粒等固体培养基培养的菌种,又称二级菌种或瓶装菌种。原种主要用于菌种的扩大培养,有时也可以直接出菇。

栽培种:将二级种转接到相同或相似的培养基上进行扩大培育,用于生产上的菌种。又称三级菌种或袋装菌种。栽培种一般不用于再扩大繁殖菌种。

菌种分离方法

菌种分离方法主要有组织分离法(最常用的方法)、孢子分离法(不常用的方法)、基质分离法(没办法的办法)。

(1)组织分离法。将食用菌的部分组织移接到斜面培养基上获得纯培养的方法。

部分组织:子实体或菌核、菌索的任何一部分组织。它的特点有:属于无性繁殖,能保持原有菌株的优良种性;方法简单易行,适用于所有伞菌及猴头菌;若种菇感染病毒,不易脱毒。

①子实体组织分离法:它是采用子实体的任何一部分如菌盖、菌柄、菌褶、菌肉进行组织培养,而形成菌丝体的方法。尽管子实体的任何一部分都能分离培养出菌种,但是,多年的实践经验表明,选用菌柄和菌褶交接处的菌肉最好。子实体组织分离的方法和步骤:种菇的选择→种菇的消毒→切块接种→培养纯化→出菇试验→母种操作过程(以伞菌类为例)。

种菇选择:选择头潮菇、外观典型、大小适中、菌肉肥厚、颜色正常、尚未散孢、无病虫害、长至七八分熟的优质单朵菇作种菇。

种菇消毒:0.1%升汞溶液或75%酒精,浸泡或擦拭,无菌水冲洗,吸干表面的水分。

切块接种:将分离种菇沿柄中心纵向掰成两半,用解剖刀在菇盖柄交接处划成田字形,取黄豆大一小块菌肉组织,接在斜面培养基上。

培养纯化:在25℃下,培养2~4天长出白色绒毛状菌丝体,当菌丝延伸到基质上后,用接种针挑取菌丝顶端部分,接种到新的斜面培养基上,长满管后即为母种。

②菌核组织分离法:它是从食用菌菌核分离培养获得纯菌丝的

一种方法。如猪苓、茯苓、雷丸等食用兼药用菌。

③菌索组织分离法：它是从食用菌菌索种分离培养得到纯菌丝的方法。如蜜环菌、假蜜环菌等食用菌。

（2）孢子分离法。利用子实体产生的成熟有性孢子分离培养获得纯菌种的方法。它的特点有：

①属于有性繁殖，后代易发生变异，可用此法培育新品种。②分离过程较复杂，适用于胶质菌类和小型伞菌。

操作过程是：种菇选择→种菇消毒→采集孢子→接种→培养→挑菌落→纯化菌种→母种。

（3）基质分离法（菇木分离法）。从生长子实体的培养基中分离菌丝获得纯培养的方法。他主要特点有：污染率高；子实体已腐烂，但又必须保留该种菌种；有些子实体小而薄，用组织分离法和孢子分离法较困难。还有一些菌类如银耳菌丝，只有与香灰菌丝生长在一起才能产生子实体，如果要同时得到这两种菌丝的混合种，也只能采用基内菌丝分离法进行分离。操作过程是：菇木选择→菇木消毒→切块接种→培养纯化→母种。

（二）食用菌接种与培养技术

1. 食用菌的接种技术

接种是食用菌制种工作中最基本的操作，无论是菌种的传代、分离、鉴定，还是进行食用菌形态、生理等方面的研究都离不开接种操作。接种的关键是严格的无菌操作，根据不同的目的、不同的菌类及同一菌类的不同菌种容器，接种方法都有所区别，但在无菌条件下进行严格的无菌操作这一点是必须共同遵守的。

（1）无菌操作规程。接种前对接种箱（室）进行清洁消毒，并准备好接种用具。将待接种的母种培养基或原种培养基或栽培种培养基放入接种箱内或室内，用药物熏蒸消毒，有条件的地方可用紫外线灯灭菌20～30分钟；换好清洁的衣服，取少许药棉，蘸上5％酒精擦拭双手、菌种容器表面、工作台面及接种工具；点燃酒精灯开始接种操作。火焰周围8厘米半径范围内的空间为无菌区,接种操作必须在无菌区内进行。

(2)接种方法。母种接种按上述要求做好无菌操作准备以后,进行接种,具体操作方法请参阅实验技术中的实验六接种技术;原种接种按无菌操作规程做好准备后,取母种一支拔去棉塞,在酒精灯火焰上灼烧管口,放食面上;再取装有原种培养基的瓶子拔去棉塞横(竖)放台面上,用接种钩取一块母种放入原种培养基瓶中,将棉塞过火后塞入瓶口即成。具体操作参阅实验七;栽培种接种做好无菌操作准备后,取原种瓶拔去棉塞,挖去老菌种块,灼烧瓶口,然后横放在台面上;取装有栽培种培养基的瓶子拔去棉塞,或取装有栽培种培养基的料袋解开口,用镊子或汤匙挖取一块原种放入瓶或袋中,在火焰旁将棉塞过火后塞入瓶口或扎上袋口即成。

(3)接种注意事项。接种前要准备好一些无菌棉塞,一起放入无菌室(箱内),以便在所用棉塞受潮时更换;接种时切勿使试管口、瓶口向上,且勿离开酒精灯火焰的无菌区进行。人在室内尽量少走动,减少空气流动扬起的灰尘污染,减少杂菌污染;接种时留下的污物,如用过的酒精棉、菌种碎屑、火柴等要及时清除,以免引起污染;如一次接种不同菌种时,要注意做好标记,以免搞混。

2.菌种的培养

接种后的原种或栽培种全部拿出培养箱或培养室,根据不同食用菌菌丝发育最适温度进行培养。培养2～3天后,菌丝开始生长时,要每天定期检查,如发现黄、绿、橘红、黑色杂菌时,要及时拣出清理。尤其是塑料袋菌种,检查工作到菌丝长满为止。培养室切忌阳光直射,但也不要完全黑暗;注意通风换气,室内保持清洁,空气相对湿度不要超过65%;同时,菌种瓶、袋不要堆叠过高,瓶间要有空隙,以防温度过高造成菌丝衰老,生活力降低。特别是对加温的培养室要注意:一要保持室内温度的稳定,因在温差较大的情况(特别是母种培养)会形成冷凝水,而使菌丝倒伏变黄。有条件的话,可根据菇类的菌丝生长对温度的要求,按品种分开放在不同温度的培养室(箱)内培养。同时,要注意经常调换原种、栽培种排放的位置以使同一批菌种菌丝生长一致。二要注意通风换气,以免室内二氧化碳浓度过高而影响菌丝生长。

六、食用菌菌种质量的鉴定

食用菌菌种质量鉴定包括两方面的内容,一是要鉴定所分离得到的或从外引进的菌株是不是所要栽培的菌类;二是所得到的菌株性状如何,是不是优良菌株。一个优良菌株必须具备高产、优质、抗逆性强、菌丝生活力强、无杂菌、无虫害等特性。所以,购买或生产菌种单位的技术人员,必须学会鉴定菌种的优劣。

(一)优质菌种应具备的条件及目测标准

1.具备条件

菌丝洁白,有光泽,分枝浓密,茸毛状菌丝多,很少出现索状菌丝;香气很浓,烘干后也有香气;无可疑杂菌;菌丝生活力强,具有抗逆性强、高产、优质等特点。

2.目测标准

现将常用的几种食用菌栽培种的目测标准介绍如下。

(1)平菇。菌丝密集、洁白,呈绵毛状,爬壁能力强,菌丝分布均匀,为优良菌种。菌种上部菌丝浓密,但菌丝顶端长期不往下生长,而菌丝与培养料形成明显的分界线,是由于培养料过湿过紧的原因,不宜再继续培养,应尽快使用。如菌丝柱收缩而离开瓶壁,瓶内有棕黄色积液,为老化菌种,不宜使用。

(2)香菇。菌丝洁白,呈绵毛状,生长均匀,分泌酱油色的液体,这是菌种生长旺盛的标志,为优良菌种。如菌丝柱收缩而离开瓶壁,表面的菌被变为褐色,为老化菌种,不宜使用。

(3)双孢蘑菇。菌丝灰白色、密集,呈细绒状,上下均匀,没有黄白色的厚菌被,没有生长极快的扇形变异,有蘑菇特有的香味,为优良菌种。如菌丝生长成细绒状或者粗索状,呈淡黄白色或菌丝萎缩,为过湿且较老化的菌种,不宜使用。

(4)草菇。菌丝密集,分布均匀,呈淡灰色透明状,有大量红褐色的厚垣孢子堆,为正常的小粒草菇菌种。若厚垣孢子较少的,为大粒草菇菌种。如菌丝中有小菌核,可能混有杂菌,不宜使用。

(5)猴头菌。菌丝洁白、粗壮,上下均匀,在培养基上方易产生子实体原基,为正常菌种。如菌丝柱收缩离瓶壁,瓶底积有黄色黏液,为老化菌种,不宜使用。

(6)金针菇。菌丝洁白、粗壮,有时外观呈细粉状,后期表面常出现成丛的黄色子实体,为正常菌种。

(7)木耳。菌丝灰白,粗壮有力,生长较快,全瓶发育均匀,为正常菌种。如瓶底积满淡黄色液体,为老化菌种;如培养基与瓶壁之间出现淡黑色耳芽,说明为早熟或转管次数过多的菌种,栽培虽能出耳,但耳片数目多,不易长大,故不宜使用。

(二)影响菌种质量的原因

1.污染杂菌的原因

培养基灭菌不彻底;培养环境不洁,环境中杂菌基数高;棉塞在灭菌时受潮,棉塞做得松紧不当或塞得过深,使棉塞接触培养基而引起污染;瓶身与瓶口没有洗净,培养时瓶外的杂菌沿瓶口侵入瓶内;母种或原种本身不纯,已污染杂菌;接种时操作不当,引起污染。

2.培养料配制不合要求

①培养料各种原料配制比例不适合;②酸碱度不适宜;③含水量不适宜;④装瓶过紧或过松影响菌丝正常发育。

3.菌种生活力减退

菌种老化或长期受高温、缺氧影响,造成生活力减退或发生变异。长期使用组织分离或多次转管削弱了菌丝的生活力,导致菌种性状变劣。故最好每两年进行一次孢子分离,经出菇鉴定后,选性状较好的子实体进行一次组织分离,然后用于生产。

(三)菌种感染杂菌与虫害的鉴别方法

杂菌的感染主要由孢子引起,由于这些杂菌孢子萌发成菌丝体需要一定的时间,所以检查杂菌工作一般从接种后3～4天开始,隔天进行1次,直到菌丝长满。其方法如下。

1.母种感染杂菌与虫害的鉴别

食用菌的菌丝体多为白色丝状体,生长均匀,一般不产生有色孢子(草菇、栎平菇除外)。在母种培养中的杂菌主要是细菌、酵母菌及各种霉菌。细菌在 PDA 培养基上表现为黏糊的圆形小颗粒状;酵母菌则表现为片状或畸形,湿润半透明,呈红色、黄色等;霉菌感染开始为白色、灰白色菌丝,很快产生绿色、黑色、橘黄色、草绿色等不同颜色的粉末状孢子。无论是哪一类杂菌感染,它们的生长速度都很快,在25℃条件下只需3.5天就能长满培养基斜面。如发现菌丝体生长有缺角等异常现象,要仔细观察,可借助放大镜看有无虫子咬食现象。

2.原种、栽培种感染杂菌与虫害的识别

(1)从菌丝发生的位置看,如果接种块是完整的一块,那么若在菌种块以外的部位发现有浓白色菌丝,应判断为杂菌。拣出后继续观察,可发现各种颜色的孢子。

(2)从菌丝生长速度看,采用标准菌种瓶接种,菌种接在料的表面,25℃培养,食用菌菌丝长满瓶一般需要 30 天左右,而杂菌菌丝只需1周左右。

(3)如发现瓶壁有退菌丝现象或有细小动物爬动,则要注意是否受虫为害。根据上述各种食用菌菌体的基本特点,对分离或引进的菌种优劣可作一了解,但对它的抗逆性、产量高低等内在特性,必须进一步做出菇试验和抗逆性测定。

七、食用菌菌种保藏

一个优良菌株被选育出来以后,必须保持其优良性状,防止杂菌污染,才不致降低生产性能。因此,保藏好菌种,对研究和生产食用菌都具有十分重要的意义。菌种保藏的方法有斜面低温、沙土管、液体石蜡封藏、冷冻真空及液氮超低温等。

(一)斜面低温保藏法

这是最简单最普通的保藏方法,即将菌种在适宜的斜面培养基上培养成熟后,置于4~5℃的低温下保藏,以后每隔2~3个月转管一次。此法适用于除草菇外的所有食用菌菌种。草菇对低温忍耐力差,它的菌丝体在5℃下极易死亡,因此,草菇菌种应保藏在10~13℃的环境中。若需置于4~5℃的低温下保藏,应在草菇菌薹上灌注3~4毫升的防冻剂。一般生产上,草菇多采用室内常温保藏。低温保藏菌种的培养基一般用营养丰富的天然培养基,如马铃薯—葡萄糖—琼脂培养基等。为防止菌种在保藏过程中产生酸过多,在配制保藏用培养基时需添加少许缓冲盐,如磷酸二氢钾或碳酸钙等。斜面低温保藏菌种虽然简便,但保藏时间较短,需经常转管,故容易发生退化现象。为了弥补这一缺点,在生产上,最好把斜面低温保藏法与其他保藏法结合起来,以减少转管次数。母种在第一次转管时,尽量多移斜面试管,部分用第一次生产,取几管作矿油(液体石蜡)保藏(或冷冻干燥、液氮低温保藏),其余则作为以后几批生产用的母种,暂存于4~6℃低温处,待低温保存的菌种用完后(或超过贮存期后),再从第一代矿油保存的菌种移出繁殖。这样做能使每批生产使用的菌种都保持在前几代的水平上,有利于菌种优良性状的保持。

(二)液体石蜡保藏法

食用菌菌丝均可用石蜡保藏,一般可保存3年以上,但最好1~

2 年移接一次,即使不移接,室温下可保藏 6～8 个月。用此法保藏的菌种不必置于冰箱内,室内比冰箱内保藏效果更好。液体石蜡又名矿油,是一种导泻剂,在医药商店有售。分装于三角瓶中加棉塞封口,高压蒸汽灭菌 2～3 次(每次 30 分钟),然后经无菌检查合格后方可使用。由于高压蒸汽灭菌常有水蒸气渗入,需在 4℃温箱或烘箱中烘烤 8～10 小时,使水分蒸发。用无菌吸管将灭菌石蜡加入要保藏菌种斜面试管内,用量要高出斜面尖端约 1 厘米。将棉塞齐口剪下,再用蜡密封管口。使用矿油保藏菌种时,不必倒去矿油,用接种工具从斜面上取一小块菌丝,先在无菌水中洗涤,然后移接于斜面培养基上即可。原母种可重新封口继续保藏。

(三)沙土保藏法

此法是将食用菌孢子保藏于干燥的无菌沙土中,保藏期为 2～10 年。具体方法如下:①取河沙过筛(60～80 目筛子),除去大沙粒,用 10%的盐酸浸泡以除去有机物。盐酸用量以淹没沙面为宜。浸泡 2～4 小时后,倒去盐酸,用水洗几次,直到接近中性,烘干或晒干。②沙与土比例以(2～4):1 为宜,沙过多影响菌种保藏质量,土过多时易结块,接种后抽干困难。③把干沙、土按比例混合压装于安瓿管或小试管,装入量以 0.5～1 厘米为宜,加棉塞,高压蒸汽灭菌(压力在 0.15 兆帕)灭菌 3 次,每次 30 分钟,干热灭菌(160℃,2 小时)。待无菌检查合格后(取少许干沙土放入牛肉汤培养液中,无菌生长)方可使用。④用接种环将孢子接于沙土管中拌匀即可。或将孢子接于 5 毫升无菌水的试管中,充分摇匀成孢子悬液,然后用 1 毫升无菌吸管吸取孢子悬液加入沙土管中(每管加 0.2 毫升)即可。⑤将接种后的沙土管置于盛有干燥剂(生石灰、氯化钙或硅胶)的容器内,接上 0.5 千瓦的真空泵抽气约 8 小时,使沙土基本干燥。⑥经抽样检查,证明无杂菌生长,即可封口进行保藏。

(四)真空冷冻干燥保藏法

此法是采用真空、干燥和低温 3 种手段来保藏菌种。因此,菌种保藏期长达 10～20 年仍不降低其原有性能。冷冻干燥保藏的基本方法是将需要保藏的孢子悬液装在特制的安瓿管中,然后骤然冰冻,并立即抽成真空,使培养物以固体形态升华脱水,熔封后在低温或室温下保藏。试验证明,用此法保藏蘑菇、香菇、侧耳和金针菇等食用菌的孢子和银耳的芽孢子 3 年,全部存活,直至 8 年后仍有 90% 存活。可见用此法保藏食用菌孢子至少可存活 8 年。但此法不能用来保藏不长孢子的菌类。

(五)液体超低温保藏法

试验证明,用 -196～-130℃ 液体氮超低温冰箱能保藏所有食用菌菌种,包括一些不能用冷冻干燥保藏的菌种,甚至"怕冷"的草菇以 10% 甘油和 5%～10% 二甲基砜做保护剂,居然也能在超低温冰箱中保藏。由于超低温能使代谢水平降到最低限度,因此菌种基本上不发生变异。在启用液氮超低温保藏的菌种时,应先将安瓿管置于 35～40℃ 的温水中,使管中的冰块迅速溶解,然后再开启安瓿管,取悬浮的菌丝块移植在培养基上活化培养。

(六)其他保藏方法

1. 滤纸片法

用无菌操作将食用菌的孢子收集于滤纸上,然后将滤纸装入无菌塑料瓶中,密封后保存于 0～1℃ 冰箱内。试验证明,用此法保藏蘑菇孢子,可存活 3 年以上。

2. 菌丝球生理盐水法

先将食用菌菌种用液体振荡培养 3～7 天,然后将形成的菌丝球吸入装有 5 毫升无菌生理盐水的试管中,每管移入 4～5 个菌丝球。试管用无菌橡皮塞塞上,并用蜡封口,置室温或 4℃ 下保藏。一般可保藏 1～2 年。

3. 麦粒菌种保藏法

麦粒菌种保藏法是利用麦粒作培养料。用于保藏菌种的麦粒,含水量在 25% 左右,这样的麦粒,在灭菌后种皮不破裂。制作方法:先将小麦浸水 5 小时,滤去水后晾干麦粒表面的水分,装入小试管,装入量为试管高的 1/3;高压蒸汽灭菌(压力 0.91 兆帕)灭 30 分钟;冷却后接入孢子液或菌丝悬浮液,摇匀后置于适温培养。当试管中的麦粒发满菌丝后,放入装有氯化钙的干燥器内,进行抽气干燥,干燥后,将干燥器放于低温(20℃以下)处保藏。此法保藏菌丝,经 1~2 年后,再接到培养基上,菌丝生长仍然良好。

第六章　香菇栽培技术

香菇又名香蕈、香椹、合蕈、香信、香菌；日本叫椎茸、香菰等。属于伞菌目、侧耳科、香菇属，学名为 *Lentinus edodes*（Bark.）Sing。野生香菇主要分布在亚洲，目前，欧美许多国家已引种进行栽培。香菇已在世界上大量栽培，1998—1999 年，其总产量占世界食用菌栽培总产量的 16% 左右，我国是最主要的生产国，我国香菇总产占全世界香菇总产的 70% 以上，是我国的主要出口菌类。

香菇肉嫩味香，营养丰富，被誉为"山珍之王""植物性食品的顶峰""天然的保健食品"。据测定，在 100 克干香菇中含蛋白质 20克、碳水化合物 60.7 克、脂肪 1.4 克、灰分 4.9 克、水分 13%，其中，维生素 B_1 0.19 毫克、维生素 B_6 1.26 毫克、维生素 C 5 毫克、尼克酸20.5 毫克、维生素 D 族（麦角甾醇）260 毫克。香菇蛋白质中氨基酸多达 18 种，含有人体必需的 8 种氨基酸。香菇高蛋白、高营养、低脂肪，是人类理想的食品。

香菇还具有特殊的医疗保健价值，是著名的药用菌。历代医药学家对香菇的药性及功效均有著述，如《本草纲目》记载：香菇"性平、味甘、无毒"；《日用本草》记载：香菇"益气不饥、治风破血"；《本经逢原》记载：香菇"大益胃气"；《本草求真》记载："香蕈、食中佳品，凡菇禀热毒，惟香蕈味甘性平，大能益胃助食，及理小便不禁"；《现代实用中医》认为，香菇为"补偿维生素 D 的要剂，预防佝偻病并治贫血"。

随着近代生物化学和医药学的发展，香菇的药用价值不断地被发掘，现已知道，香菇不但含有种类齐全的氨基酸和丰富的维生素，还有其他具有珍贵药效的成分，如香菇腺嘌呤、香菇多糖等，能够降低胆固醇,防治心血管病、糖尿病,具有健脾胃,助消化,消热解毒,抗感冒,抗肿瘤和强身滋补的作用。还有补肺止血、化淤理气、理小便失禁、健美、健脑、护肤等多方面的功能。

我国人工栽培香菇至今已有800多年,是世界香菇栽培的发祥地;而浙江龙泉、庆元、景宁三县交界区又是中国香菇栽培的发祥地。在漫长的历史进程中,依据栽培技术的特点,香菇栽培大致划分为3个阶段:砍花法栽培阶段、段木栽培阶段、代料栽培阶段。

"砍花法"栽培香菇大体上初创于公元3世纪西晋时期,成熟于13世纪宁元之交。地点在现今浙江的龙泉、庆元、景宁三县交会的山区。出生于公元12世纪初庆元龙岩村的吴昱即吴三公,被尊奉为菇神。明朝刘伯温的成功申请使香菇生产成为三县的专利。砍花法技术可简述为:"腊月断树,置深树林中,密斫之,湿暑气蒸而菌"。它是利用香菇孢子作为"种",以原木栽培香菇。此法一直沿用到新中国成立之后,到1988年才被完全淘汰。

19世纪末至20世纪初,我国和日本都开始用纯菌丝体作种代替用孢子作种的研究,发明了"木引法"或"嵌木法",我国到20世纪60~70年代才得以推广,到80年代末段木栽培才完全取代沿用一千多年的砍花法栽培。河南省西峡县的双龙镇成为我国内地最大的段木香菇基地和市场。

近20年来,代料栽培技术突飞猛进,出现了各种栽培技术模式如:上海模式、古田模式、不脱袋育花模式和东北地栽模式等,取得了香菇产量、质量的第二次飞跃发展。上海模式是上海市农业科学院何园素、王日英等人创造,采用木屑菌种压块栽培,1978年在上海郊区嘉定、川沙等县推广,使上海成为全国木屑栽培香菇的中心。古田模式是在20世纪80年代福建古田县彭兆旺兄弟等创造,用塑料袋制菌筒,脱袋出菇。此法推广之后,我国香菇总产量于1988年超过日本,占全球总量的40%以上,到1993年,我国香菇总产量占全世界的2/3。古田模式使我国香菇取得了数量上的突破。不脱袋育花菇模式:由于"古田模式"所产香菇的质量较差,当时国产香菇的价格仅为日本香菇价格的 1/10~1/3,所以,如何提高香菇的质量,成为当务之急。在 1992 年之后我国先后在泌阳县、西峡县、寿宁县等地分别研究出不脱袋培育优质花菇的技术,分别称为泌阳模式、西峡模式、寿宁模式,特别是泌阳县的广大菇农,研究出许多培育花菇的技术措施,培育出大如拳、白如棉的花菇,表现出不凡的智慧。这种技术的出现使我国香菇的质量跃上一个崭新的台阶,取得了质量上的突破。东北地栽模式是 1995 前后诞生的,是把栽培料铺在沟畦内进行栽培的新技术,培养料可以是半生料、发酵料或生料,也可培育出优质香菇,在东北地区取得了广泛的推广。

一、香菇的生物学特性

(一)形态特征

香菇由菌丝体和子实体两大部分组成,菌丝体生长在基质中,是香菇的营养器官,子实体外露呈伞状,是香菇的繁殖器官。

1. 菌丝体

菌丝体是由许多分枝丝状菌丝组成,白色绒毛状,有分隔和分枝,具锁状联合。它的主要功能是分解基质、吸收、运输、贮藏营养和代谢物质,当达到生理成熟时,在适宜的条件下,可分化形成子实体原基,进一步发育成子实体。

2. 子实体香菇

子实体单生、丛生或群生,由菌盖、菌褶、菌柄和菌环四部分组成。①菌盖又称菇盖,圆形,直径 3~15 厘米,幼时半球形,边缘内卷,有白色或黄色绒毛随生长而消失,成熟时渐平展,老时反卷、开裂;盖表皮淡褐色或黑褐色,被有暗色或银灰色鳞片,在特殊的条件下,盖表面会龟裂形成花菇。菌肉白色,肉厚质韧,有香味。②菌褶位于菌盖下面,呈辐射状排列,密集,长短不齐,呈刀片状,最宽2~6厘米;褶缘平直或锯齿状,白色,与菌柄贴生、隔生、弯生或凹生,但通常立即与菌柄分离,似离生,褶片表面的子实层上生有许多担子,担子顶端一般有四个小分枝,各着生一个担孢子。③菌柄中生或偏心生,常侧扁或圆柱形,中实纤维质,直径 0.5～1.5 厘米,长 2～6 厘米,菌环以上部分较少,白色平滑,菌环以下部分白色或淡褐色,被纤毛,干燥时呈鳞片毛状。④菌环初时菌幕完整,菌盖伸展后破裂,菌环顶生,白色丝膜状易消失。

(二)香菇的生长发育

香菇的一生从担孢子萌发开始,到子实体成熟释放孢子,其过程可分为以下几个阶段。

1.单核菌丝阶段

由担孢子萌发形成的菌丝是单核菌丝,又叫初生菌丝。单核菌丝体内的细胞核都是只有一个,所以,又叫同核菌丝体,简称同核体。这种菌丝也能生长,但生长势弱,分解吸收营养能力和适应环境能力都低,不具备结实能力。

2.双核菌丝阶段

由两个遗传基因不同的单核菌丝经过异宗配合后,产生双核异核菌丝,这种双核菌丝能独立生长,具有结实能力,在适宜的条件下,产生子实体。

3.双核菌丝分化形成

结实性的次生菌丝当外界条件具备子实体分化形成和生长时,培养料内达到生理成熟阶段的双核菌丝就分化形成结实性菌丝。最初互相扭结,形成直径 0.5～1 毫米的菌丝团(内部较疏松),后逐渐变大,内部变得很致密。

4.子实体的生长发育及弹射孢子

当菌丝团直径达 1～2 毫米时,成为坚固的菌丝团,称为子实体原基。原基上半部分组织的生长速度比下半部分组织的生长速度快,而且逐渐下包,这样原基下包的部分扩展成菌盖,而下半部分则形成菌柄。菌盖原基继续向下扩展,其边缘逐渐内卷,最后菌盖边缘和菌柄原基连接起来,接触后菌柄和菌盖的菌丝交织在一起,形成一个封闭的半球形的腔,即菌蕾。菌蕾直径 4～6 毫米。在球形腔的腔顶(菌盖内侧),组织呈放射状的水平排列,随后形成幼小的长短不等的菌褶。由于菌盖向外扩和菌柄加粗伸长,菌盖边缘和菌柄之间连接的部分,形成覆盖着菌褶腔的菌幕,继而菌盖借外展的力量,胀破菌幕,使菌褶(子实层)完全裸露于外界,此时,子实层上担孢子发育成熟,并有顺序有节奏地弹射出来。

(三)香菇生长的环境条件

香菇生长发育条件和其他食用菌一样,包括营养、温度、水分、光线、空气和 pH 值等六大因素。

1. 营养

香菇属于木腐菌,其主要的营养来源是碳水化合物和含氮化合物及部分矿质元素、维生素等。

(1)碳源。碳源不仅是香菇重要的组成物质,也是香菇最主要的能源,香菇吸收的碳素,有 20%左右用于合成细胞物质,80%左右用于维持生命活动所需的能量而被氧化分解。香菇能利用多种碳源,包括单糖类、双糖类和多糖类。其中以单糖和双糖最易利用,其次是多糖类中的淀粉。多糖中纤维素、半纤维素、木质素等虽不能为菌丝直接吸收利用,但可由菌丝分泌的酶分解成单糖而利用。木糖、甘露糖、核糖等几乎不能被利用,大多数有机酸中的碳源不能被利用,且对生长有害,但在含糖培养料中加入 30 毫克/千克柠檬酸,则有明显的增产作用。生产中香菇的碳源主要是各种阔叶树、木屑、棉籽壳、玉米芯、豆秸等。

(2)氮源。氮源用于合成香菇细胞内蛋白质和核酸等,香菇菌丝能利用有机氮和铵态氮,不能利用硝态氮和亚硝态氮。在菌丝营养生长阶段,碳源和氮源的比例(C/N 比)以(25∶1)～(35∶1)为宜,在生殖生长阶段最适宜的碳氮比是 60∶1。

(3)矿质元素和维生素类。矿质元素中的硫、镁、钾、磷、锰、铁、锌、钼、钴等矿质元素可促进香菇菌丝的生长。香菇是维生素 B_1 的营养缺陷型,维生素 B_1 对香菇菌丝碳水化合物代谢和子实体形成起重要作用,木屑栽培香菇后期常因缺乏维生素而引起菌丝自溶。适合香菇菌丝和子实体生长的维生素 B_1 浓度大约是 100 毫克/千克。

2.温度

在整个生长发育过程,温度是一个最活跃、最重要的因素。孢子萌发的最适温度是 22~26℃,以 24℃ 最好。菌丝生长温度范围为 5~32℃,26~28℃ 生长最快,最适宜为 24~27℃。10℃ 以下和 30℃ 以上生长不良,5℃ 以下和 32℃ 以上停止生长。菌丝抗低温能力强,纯培养的菌丝体,-15℃ 经 5 天才死亡,在菇木内的菌丝体,即使在 -20℃ 低温下,经 10 小时也不会死亡。香菇是一个低温和变温结实性的菇类,香菇子实体在较低的温度 8~21℃ 下分化,以 10~15℃ 分化最好,5℃ 以下和 25℃ 以上明显受抑制。有一定的温差(3~12℃)刺激,更利于原基分化。在适宜原基分化的温度范围内,温差越大,原基分化形成的数目就越多。不同品种所需要的温差不同,一般高温晶系需 3~5℃ 的温差、中温晶系需 5~8℃ 的温差,低温晶系需 5~10℃ 的温差。原基形成后,适于原基生长的温度在 5~25℃,原基及子实体的生长表现随温度不同而不同。子实体在 5~12℃ 时,生长缓慢,菌盖增厚,菌柄粗短,质地紧密,不易开伞,最利于形成优质菇;在 15℃ 以上,生长快,菌盖薄、菌柄长,质地松软、易开伞;在 12~15℃,则介于两者之间。

3.水分

水分是香菇生命活动中不可缺少的重要因素。水分与香菇的关系有两方面:一是培养料中的含水量;二是空气湿度。只有在培养料内含水量适中,空气湿度适宜的条件下,香菇子实体才能正常生长。

(1)培养基料中的水分。香菇孢子只有在吸水膨胀时才能萌发,无水就不能萌发,但香菇菌丝在水分过多时,往往因缺少氧气而生长缓慢,或停止生长;而在缺水时菌丝分泌的各种酶就不能通过水扩散接触培养料进行分解代谢活动。一般要求木屑培养料的含水量在55%～62%。低于40%或高于70%,菌丝生长不良。段木点种及菌丝生长时适宜的含水量为35%～42%,否则菌丝生长不良。出菇时,段木中含水量应在60%～65%。

(2)空气湿度。空气湿度一方面对段木和人造菇木的纯菌率有影响。较高的空气相对湿度(70%以上),易增加污染,较低则影响菌丝的生长,菌丝生长阶段的空气相对湿度以60%左右为宜。子实体生长发育期要求空气相对湿度在85%～95%,超过95%,子实体易因缺氧而生长不良,过低,易导致菇蕾干死。当菇蕾长至1.5厘米时,不同的空气相对湿度对菇盖的影响明显不同,空气相对湿度在85%～95%时,菇盖生长正常、鳞片明显;空气相对湿度在68%～85%时,菇盖表皮鳞片消失;空气相对湿度在50%～68%时,菇盖大多能开裂,露出白色的菌肉,形成花菇;空气相对湿度在50%以下时,菇盖发干,变得干硬,不能继续生长,此时,如果放在潮湿的环境下慢慢滋润,则菇盖会开裂,可以重新生长。所以,空气相对湿度高低是形成花菇与否最关键的因素。

4.光线

香菇菌丝生长不需要光线,强光会抑制菌丝生长,直射阳光会使菌丝消退。散射光是子实体分化和生长不可缺少的因素,完全黑暗,子实体不能分化,光线弱,香菇子实体柄长、盖色浅,一定的强度有利于花菇的形成。

5.空气

香菇是好气性真菌,足够的氧气是保证香菇正常生长发育的必要条件。在段木内香菇菌丝的生长速度较慢,就是因为段木内氧气不足的原因,在代料栽培中,要注意刺孔增氧和菇房内的通风换气。在香菇子实体生长阶段,一定的风吹,利于花菇的形成。

6.pH值

适宜的pH值是香菇进行正常生理代谢的必要环境之一,香菇菌丝生长适宜偏酸性的环境,菌丝在 pH 值 3～7 均可生长,以 pH 值 4.5～5.5 最适宜,香菇子实体生长发育的最适 pH 值在 3.5～ 4.5;pH 值在 7 以上,菌丝生长受阻,pH 值大于 9 时,几乎停止生长。栽培香菇时,栽培料的 pH 值可调到 7 左右,在菌丝生长过程中,菌丝可使料的 pH 值降到适宜的范围内。

香菇生长的 6 个因子对香菇的生长发育是相辅相成、缺一不可的,充分协调配合,才能使香菇正常生长。

二、香菇栽培品种及菌株特性

种性的好坏,是香菇栽培效益高低的关键。目前,生产上使用的菌种大部分是从日本引进的,一部分是我国选育的。由于国内菌种管理尚未纳入规范化,形成互相引进,各自编号,致使菌种名目繁多,优劣不分。因此,得到一个新的菌株后,必须先进行出菇试验,弄清菌种特性,再应用到生产上。现将香菇菌种的划分原则及当前主要栽培的优良菌株特性作简略介绍。

(一)香菇菌种类型划分

香菇类型,是依据不同的特征和目的把香菇分为不同类型。

1. 按出菇温度分

将香菇分为 4 种香菇温度类型。

2. 按发育成熟时间分

将香菇分为早熟、中熟和晚熟种。

3. 按菌盖大小及菌肉厚薄分

根据菌盖大小及菌肉厚薄,又分为大叶、中叶和小叶型,厚肉、中肉和薄菇。此外,根据销售目的又分鲜销菇和干制菇等。

(二)香菇主要栽培菌株的特性

适于段木和代料栽培的菌株很多,各地因气候和地域的差异,适应的菌株也不一样。

三、香菇代料栽培技术

代料栽培香菇,采用木屑、棉壳等培养料作为主料,以麸皮、米糠等为辅料,调配培菌,获得香菇产品。代料栽培能进行集约化管理,大规模生产,是香菇栽培在今后一个相当长时期的发展方向。其目前栽培量,占我国香菇总产的大部分。栽培方法多种多样,目前,技术较成熟、推广面积较大的有:古田室外袋栽技术、小棚大袋立体培育花菇技术、双棚春栽技术、露地菇粮套种技术、寿宁花菇培育技术和香菇反季节栽培技术等,下面着重介绍适于北方地区的几种栽培方法。

(一)香菇春栽技术

香菇春栽与香菇秋栽相比有如下优点:春栽时间充裕,从 12 月到翌年 4 月,甚至 5 月都可接种,有充足的备料生产时间;制袋接种及发菌管理正值农闲,不与农活争劳力,利于生产管理;制袋期间正是低温季节,杂菌污染少,菌袋成功率高;发菌时间长达 120~180 天,菌丝对培养料分解利用程度高,营养积累丰富,香菇产量高、质量好。由于春栽香菇有上述的优势,近年来,我国袋栽香菇中春栽的比例大幅度上升,今后有可能成为北方香菇栽培的主要方法。下面介绍香菇春栽技术。

1. 栽培工艺流程

生产准备—料袋制作—菌袋培养—菌袋转色—越夏管理—出菇—采收加工。

2. 菌种准备和栽培时间选定

春栽香菇品种应选用中温偏低、中晚熟品种。目前,表现较好的品种有 939、9015,以及河南西峡筛选出的 9608 菌株等。

宜选用菌龄在 45 天左右,没有经过 28℃以上的高温、干湿适当、起瘤不多的菌种。菌种要在接种以前准备好。

播种期确定的原则:接种后菌袋在 28℃以上高温到来之前必须开始转色,以利菌袋转色后越夏。具体时间大致为12月初至翌年4月。

3. 主、辅料及其他原材料准备

(1)配方。常用的配方是:木屑 79%,麸皮 20%,石膏 1%,含水量 55%左右。若生产 1 000 袋(18 厘米×55 厘米),其配料是:干木屑 1 200 千克,麸皮 25 千克,石膏 12.5 千克,水 1 200~1 300 千克。

(2)木屑春栽。香菇一般选用耐腐的硬质木屑,如栎木、苹果树等木屑,其粗细程度,一般以粒度 2.5 毫米左右为好。不能有木片、木条及其他块状、有棱角、尖角的硬物。否则,需要过筛。

(3)辅料。辅料起调节碳氮比、增加营养的重要作用,不加辅料,香菇菌丝长速慢,产量低。辅料主要用麸皮或米糠,要求新鲜、无霉变、虫蛀。米糠要用不含粗壳的细糠。石膏宜细,工业用石膏也可以使用。

(4)塑料袋。一般选用直径 18~22 厘米、厚 0.05 厘米,均匀一致的高密度聚乙烯塑料袋,截成 50~55 厘米长。将一头用棉线扎紧,并在火焰上封成光滑的粒状,以不漏气为准。一般生产 1 000 袋,需栽培袋 12 千克左右。

4. 培养料配制

培养料配制要做到"一准二匀",即称量准确,原辅料搅拌均匀,料水均匀。

5. 装袋

有手工装袋和机器装袋,栽培量大,一次灭菌达到 1 000 袋以上的最好用机器装袋,一台装袋机 1 小时可装 300~400 袋,工效高。无论哪种装袋,都要求装的料袋一致均匀,手捏时有弹性不下陷。不宜太实或太松。料袋装满后,要及时扎口。扎时贴袋紧缠3~4圈,扎紧,再旋转袋口,折转缠 3 圈再扎紧,防止漏气。如果用外袋,扎紧内袋口后即时套上外袋,外套要尽量贴紧内袋,并用活扣扎紧两头,装好的袋要放在麻袋、编织袋等上面,防止砂石、砖块等顶破面料袋,并仔细检查,发现破损处、拉薄处和微孔,立即用透明胶布贴牢。

6.灭菌

生产上灭菌基本是采用常压蒸汽灭菌。主要有上蒸灶和导入式蒸汽灭菌炉,后者可移动,能节省燃料。装完袋,要立即装锅,不能拖延。装锅时,袋子平放,同一层的袋子要挤紧,上下袋形成一条竖直线,不能呈"品"字形重叠。行与行之间要留空隙,以利蒸汽通畅,防止局部灭菌不彻底。灭菌时,要"攻头、控中尾"。在上大汽前,大火猛烧,力争使料温在6小时内达到100℃,防止袋料变酸变臭。当料温达到100℃后,用适当的火量,维持料温在100℃,保持15小时,中途不停火,不降温。达到时间后停火降温,待料袋温度降至70℃以下时出锅,移入已整理好的培养室内,"扦"形码放,开门窗降温。在配料、装袋、灭菌中,都要做到:一是快速。因为从配料到灭菌升温至100℃,正常情况下需要10多个小时,如果不抓紧,拖延时间长,料很易发酸、变臭,影响栽培成功。所以,在操作时,人员要准备好,争分夺秒。二是要细心,防止弄破塑料袋,形成麻眼微孔,导致污染。

7.接种

在菌袋灭菌前几天,接种室要消毒,清理杂物,灭菌杀虫;通风换气,使室内干燥。接种效果较好、较方便的方法,是采用接种箱(罩)接种。当袋温低于28℃时,把料袋、菌种、工具等,用75%酒精或2%的菇宝溶液擦洗一遍,待干后,放入接种箱,有套袋的料袋可以直接放入,点燃2~3小包菇宝密封熏蒸30分钟后进行接种。打一穴接一穴,每袋接4~6穴,接入的菌种要成块,填满穴,封住口,凸起,接完一袋后,用石蜡封口或套上外袋。接完一箱后,移入培养室,"扦"形或顺码成堆柴式放置。

8.菌丝体生长的管理

菌丝体生长管理的任务是创造适于香菇菌丝体生长的环境,保持黑暗、干净、干燥、通风良好。关键是温度和通风供氧。菌袋的温度管理要依据香菇菌丝生长的温度范围:香菇菌丝在 5~32℃均可生长,24~27℃最适宜,超过 30℃生长不良。由于春栽香菇菌丝生长时间较充裕,接种后一般随自然温度,只要菌袋温度在 10℃左右,就可以不加温。如果种植晚,则需认真控制菌袋温度在 24~27℃。在菌袋生长后期,菌丝呼吸生物热使菌袋温度高时,要经常检查,采取降低堆高,加强通风等方法,灵活控制,防止袋温超过 30℃,严防"烧堆"。袋内菌丝的通风供氧的操作管理,又叫刺孔增氧,它与翻堆拣杂是同时进行的。刺孔增氧要随菌丝生长情况进行。第一次刺孔是在菌丝边缘距接种点 4~5 厘米时,用牙签刺 1 厘米左右深,每个接种穴刺 4~6 个孔。第二次刺孔在菌丝边缘距接种穴 8~10 厘米时,各接种穴生长的菌丝已完全相连,形成一个宽 20 厘米左右的菌丝带,用竹签每隔 6 厘米刺一孔,孔深 1.5 厘米。第三次刺孔是在菌丝长满袋 7~10 天时,用削尖的筷子在菌袋上刺 30~40 个孔,孔深 3 厘米,此时如果气温超过 28℃,则不能刺孔。刺孔增氧须注意以下几点。

(1)刺扎部位要在菌丝圈内距菌丝边缘 2~3 厘米处,向中心斜刺。切勿触及生料。

(2)刺孔后 2~3 天,菌袋温度升高很快,袋温比室温要高 2~10℃,此时,要勤测袋温,防止袋温超过 30℃,如果袋温过高,要加强通风,降低堆高,疏散菌袋或把菌袋摆放成"井"形或"品"形。

(3)培养料含水量低的菌袋、装得虚的菌袋要多刺,反之则少刺。

(4)塑料膜拱起部位、瘤状物突起部位、污染部位、有黄水部位、菌丝未发到部位以及菌丝刚长到的部位均不刺孔。

9. 出菇场所及菇棚搭建

出菇场所应选择向阳、干净、地势高燥、近水源、进出料袋方便、既通风又背风,便于管理的空闲地,春栽菇棚需要内棚和外棚,内棚为出菇棚,外棚为遮阳棚。

(1)内棚建造。出菇棚以竹木搭建,架间留 70~80 厘米人行道,架宽80～90厘米,高1.9～2.1米,5～7层,层间距离30～40厘米,左边架子的2行柱子,左低右高,右边架子的2行柱子左高右低,高的支柱1.9米,左右4个支柱的顶上用一竹片连成弓形,一个弓内由2个出菇架组成。两边的出菇架每层用四根竹竿平行纵放,上面可横放2个菌袋。架外面用折幅4米、厚0.08～0.100米的塑料膜覆盖。

(2)外棚建造。外棚多用15厘米×15厘米的水泥柱作支柱,棚宽6.6米,高2.4～2.8米,长度以栽培量而定,每隔2米有一立柱。立柱上有横杆和纵杆连接与支撑,用铁丝拧紧。棚顶为平的,放以树枝或秸秆遮阳,也可用遮阳网,无论用什么材料均要注意其透光度。外棚要牢固,基本功能是遮阳降温和调节光的强度,有利于通风;冬季出菇期外棚上遮阳物要稀疏或去掉。外棚坐向要顺风,一般以南北走向为好,东西两侧可用秸秆作墙遮光。

10.转色及越夏管理

接种后40～80天,香菇菌丝可长满全袋,此时菌袋表面会形成瘤状物,出现瘤状物标志菌丝已达生理成熟,很快要进行转色。河南省及我国的北方地区,气候干燥,为出菇保持湿度,春栽香菇采用不脱袋转色越夏。菌袋的转色越夏,最好在菇棚上进行。一般在5月底,把菌袋移入菇棚,平放在层架上,刺第三次孔,搭好外棚,在自然条件下转色越夏。袋内菌丝的转色先由瘤状物处、袋膜拱起等处菌丝分泌褐色素,由点及面,由浅到深,逐渐完成转色。转色期间不要翻动菌袋,以免两次转色,造成转色过厚,不易出菇或不出菇,形成"哑巴"袋。转色时,菌丝会分泌黄水。其颜色深浅随温度不同而有所变化:一般在24℃以下,分泌水是微黄色,甚至是清水;24～28℃,分泌黄水或浓黄水;28℃以上,分泌的是浓黄水或酱油色的水。如果黄水积存时间长,再加上温度高,就会使菌棒局部腐烂,甚至全部烂掉,影响出菇和产量,所以,如果局部黄水集存过多,则要刺孔引流。菌袋一般在6月完成转色,7～8月越夏。越夏时,菌袋间隔在5厘米以上,外棚上的遮阳物要厚一些,严防透进太阳光晒着菌袋;如果遇上 35℃ 以上的高温,可以在夜晚向棚内地面上浇水降温,也不要翻动菌袋,以防提早出菇。

11. 出菇管理

出菇是栽培香菇最关键、最重要的环节。在正常越夏后,一般到 9 月下旬,进行出菇管理。下面主要介绍培养花菇的管理技术。培育花菇管理可分 4 个阶段,用 4 句话概括:催蕾护蕾、蹲菇壮苗、催花形成、保花生长。

(1)催蕾

①浸水:培育好的菌袋,在催蕾时,要检查菌袋的含水量,若水分不足,需首先补水。补水方法常用的有浸泡法和注水器补水法。浸泡法:利用清洁沟或专设的浸水池,根据菌袋的失水量用铁钉或竹木在菌袋上打几个深至中心的孔,失水多的多扎几个孔,然后把菌袋排在池内,失水多的可排在底层,上面用木板、石头等重物压紧,注入清水,压住菌袋,浸水 12~60 小时。浸泡时,袋温应比水温高一些,浸水速度快。注水器补水法:是用注水器往菌袋注水,补水速度较快。补水的标准:使菌袋含水量达到 55%~65%,一般情况下,催第一茬菇时,可使菌袋恢复原重。催第二茬菇时,使菌袋略低于原重。值得注意的是:催第一茬菇时,即使菌袋不轻,也要浸水。可放入水中浸一下,这样,能够浸润菌袋表皮,利于出菇、出菇整齐。

②催蕾的条件:催蕾实际上是创造适于原基分化形成的条件,使原基尽快、尽量一齐发生。适于原基分化形成的条件既有菌袋内的一些因素,也有一些外部条件。在菌袋成熟后,其内部已满足原基分化形成的要求,催蕾主要需创造适于原基分化的外界条件。其条件主要是:A. 适宜的温度要依据品种特性,控制好温度,一般在 8~22℃ 的范围内。B. 有一定的温差,一般有 8℃ 左右温差即可。在生产中,不能为了拉大温差,而把温度升高或降低到不适宜原基分化形成的温度范围即 8~22℃ 以外。C. 空气相对湿度 80%~90%。D. 充足的氧气(通风)。E. 散射光。

③催蕾的具体措施:在生产中,要充分利用自然气候,既能达到

催蕾的条件,又操作方便,其催蕾方式有棚架催蕾和地面催蕾。A. 棚架催蕾。当平均气温在 8℃ 以下时,一般在棚架上催蕾,为了保湿和拉温差,白天盖塑料膜,夜间揭开塑料膜,并洒水增湿。如果白天棚内温度高,下面要盖遮阳物;如果夜晚气温低于 5℃,则夜里不揭开塑料膜。B. 地面催蕾。当平均气温低于 5℃ 时,菇棚内温度不能维持在 8～22℃ 时,要把菌袋竖排在地面上,上盖塑料膜,利于保温。如果气温太低,则需要在地上铺秸秆。每天揭幕 2～3 次,每次通风 30 分钟。并注意要多点、多次测量袋温,防止温度升到 25℃ 以上,引起"烧堆"。一般只要操作得当,4～12 天即出齐菇蕾。

(2)护蕾

①划口定位:当菇蕾分化形成,菇盖长到 0.5～1 厘米或微微顶起薄膜时,要划口定位。用锋利的刀把菇蕾近处四周塑料膜割掉 3/4,呈"n"形,留下 1/4 相连,菇蕾可以自由向外生长,既通风供氧,又起保湿作用。菇蕾发生过密的,易造成挤压,菇形不圆整,也不利养分重点供应,应选优去劣,选留的菇大小相近,每袋留 5～12 朵,每朵相隔 5 厘米以上,并长在袋子的中上部。其他的菇蕾,可用刀剔除或者手指压扁。

②护蕾要点:菇蕾在 2 厘米以下,很幼嫩,遇冷冻、干燥时易萎缩死亡,需要护蕾。护蕾要做到:A. 棚内温度控制在 8～20℃,最好在 8～12℃。B. 空气相对湿度在 70%～85%。C. 散射光。D. 空气新鲜,但不宜大通风。如能满足上述 4 个条件,经过 3～7 天的管理,菇蕾将长到 1.5～2.5 厘米大小、盖厚柄短的幼菇;甚至在划口后菇形不太圆正的菇蕾,也能长成圆正的幼蕾,达到整形的作用。

(3)蹲菇壮苗。这一阶段是形成花菇最关键的一步,决定能否形成花菇,形成花菇质量的优劣。蹲菇的目的使菇蕾充分积累养分,菌肉长得尽量致密,为形成花菇做好充分的准备。其管理要点如下。

①逐渐降低棚内的空气相对湿度:菇蕾逐渐长大,从 0.5～1 厘米,长到 1.5～2.5 厘米时,对外界环境的适应能力逐渐增强,棚内

的空气相对湿度应在 2~4 天内,从 70%~85% 逐渐降到 55%~68%,并维持下去。菇蕾在空气相对湿度 68% 以下的条件下,菇盖表皮因干燥不能正常生长,而菇盖内菌肉能继续生长,不断地进行营养积累,菌肉变得致密,内部的机械张力增加。此时,湿度不能太低,否则,菇失水太快,菌肉也严重失水,而不能生长,形成菇丁。

②控制较低的温度:低温一方面伴随着干燥,利于满足低湿的条件;另一方面,在低温条件下,香菇有菌盖加厚生长、菌柄向粗短方向生长的特性,低温能培育出盖厚柄短的优质花菇。蹲菇时,温度宜控制 4~15℃,蹲菇后期有 0℃ 左右的低温冷冻,也有一定的好处。

③强光:香菇子实体达到蹲菇时,有强光或者是冬天全日光照射,有利于蹲菇。蹲菇时,还要注意:A.蹲菇至中后期,要尽量防止空气相对湿度超过 70%,否则,菇蕾会过早开裂。过早开裂的菇,由于裂纹增加了香菇的失水速度,如果继续蹲菇,则菇蕾易于,难以再向大处生长或者一旦再遇荇,开裂的花纹又长平,难以再形成优质的花菇;如果不再蹲菇直接催花,则形成的花菇盖偏小,不利稳产高产。在生产管理中,蹲菇中后期,一般只盖棚顶揭开两边,只在有大风时或天气太干时,才松松地盖住棚。如果外界有大雾等原因引起湿度过大时,则要盖严菇棚,并加温排荇。B.蹲菇时,如果气温高,如早秋或晚春,那么,一方面要想方设法降低菇棚的温度如盖遮阳物质等。另一方面,要缩短护蕾的时间,加快蹲菇的速度。当菇蕾长到 1.0~2 厘米时,就开始蹲菇,边蹲边护,当菇盖直径长到 2.5~3 厘米时,进入催花管理。经过 5~15 天的管理,当菇盖长到 2.5~4 厘米,菇盖有硬感时,进入催花形成时期。

(4)催花。催花形成香菇子实体在一定的湿度(50%~68%)条件下,菇盖表皮细胞因缺少水分,生长缓慢,而菌肉还可以进行分裂增殖,这种生长不平衡积累到一定程度,香菇终因菌肉的不断膨胀使表面破裂,露出白色菌肉成为花菇。但是,这种变化速度较慢,并且较窄的湿度范围 50%~68%,在生产中难于达到。如果人为地增加菌肉的膨胀力或降低菇表皮的包裹力,将使这种不平衡性在较短时间内,整齐地表现出来,这种人为的操作,称为催花。现在的催花技术中,绝大多数是利用水或潮湿空气(空气相对湿度80％以上)对菇表皮进行滋润,使菇表皮吸水变软,大大降低了对菌肉的包裹力,打破了菌肉膨胀力和包裹力的平衡,使菇开裂,形成花菇。催花技术中应用较广的有低温催花、高温催花、自然催花。

①低温催花:白天掀棚,晾晒一天后,于18:00～19:00盖棚,如果棚内潮度不够,就要加湿。可在煤炉上烧蒸汽,或向棚内空间喷雾,使棚内空气相对湿度达到80％以上。当菇盖用手摸起来发黏时,一般在24:00左右,把燃红的煤球移入菇棚,或者通入干燥的热风,用膜盖住四边,两端棚顶各留30厘米宽的缝作为排潮孔。此时,切实注意:A.生火不升温。生火的主要目的是排潮,棚内的温度尽量控制在12℃左右,如果外界气温高于12℃,则尽量使棚内温度接近外界温度。B.菇没上够潮,菇盖没有发黏,不能生火。排潮至菇盖发干时,一般需3～4小时,撤出煤火或停止送风,盖严塑料膜,于第二天7:00～8:00,掀开塑料膜,任其干燥一天。如此,循环4～12天,95％以上的菇即可形成优质花菇。这种催花因为催花时采用的温度较低(以12℃为好,尽量不高于15℃)故称为低温催花,此技术最适在低温季节应用。

②高温催花:当香菇长到3.5～4厘米时,于18:00～19:00盖棚使菇上潮(上潮方法如低温催花一样),当菇盖发黏时,一般于夜间12点,盖严菇棚开始升温,短时间内使棚温上升到35～40℃,保持2小时,掀棚降温30分钟之后,盖严棚膜,到第二天7:00～8:00掀棚晾菇。此操作不宜超过2次。因为每次操作,菇开伞度增加许多。高温催花一般作为低温催花的后续操作,其作用是:增加裂纹深度;增加花纹的亮度,使之不易变褐;固化菇边,使之不易再开伞。

③自然催花:一般在仲晚秋及仲晚春,气温较高、平均气温超过10～15℃时,不宜采用加热排潮法。此时,首先护菌蕾与蹲菇交叉进行;当菇蕾长到2.5厘米左右时,全天揭棚或者在14:00～15:00

盖棚,引光增温,使棚温升至25～35℃,保持2～3小时之后揭开塑料膜,到21:00～22:00用塑料膜松松地盖住菇棚,第二天6:00～7:00掀开棚膜,如此循环,直至采收。生产上,还有许多不同的催花方法和催花操作,只要遵循干燥—上潮—干燥的循环,都可培养出花菇。催花时,要切实注意观察天气情况,如果是阴雨连绵、大雾弥漫、大雪纷飞等恶劣天气时,即使达到催花的要求,也不可催花,不能操之过急,宜适当延迟,待天气晴朗,再一鼓作气,完成催花。

(5)保花生长。催花后的香菇,为使菌盖增大增白,肉质增厚,裂痕加深增宽,还需进行认真细致的保花管理。

①管理要求:A. 棚内空气相对湿度控制在50％～68％。B. 棚内温度控制在8～18℃。C. 强光或全光育菇。D. 加强通风。

②管理要点:A. 在晴朗干燥的天气,白天揭棚,全天通风。B. 切实防止夜里香菇上潮变红。一般在18:00～19:00盖棚,到24:00生火,两端棚顶各留30厘米宽的排潮孔,生火不升温,至第二天8:00左右揭棚,中间防止掉火。C. 此间若遇到阴雨、雪、大雾等要封严棚膜,生火加温排潮,也可加排气扇,以有效降低湿度。

12. 采收烘干及贮藏

(1)采收。采收的标准:菇盖基本展开,菇边内卷呈铜锣边,菌膜没有完全破裂,菌褶露出一部分。采收时要一手拿袋,一手捏住菇柄,先四边摇晃几下,再旋转拧起,不要生拉硬拔,也不要把菇根留在菌袋上边,勿损伤周围的菇。采收下的菇要轻拿轻放,放在篮筐中,尽量不要挤、擦、碰、摔,使菇体受伤。

(2)烘干。烘干也是一个关键环节,只有切实掌握烘烤技术才能烘烤出真正的好菇,所以一定要认真操作。香菇用机器烘干质量较好,烘时,根据菇的大小、花度,放在不同的烘筛上,好的、较干的放在中下层,菇盖向上单个排列,切忌堆积。注意通风和温度,晴天烘烤的起点温度是40℃,雨天的起点温度30～35℃,以后每小时升高1～2℃;前2～3小时,进气门、排气门都要打开,中间2～6小时,排、进气门要半开,后2个小时,基本关闭,要一次烘干。

（3）贮藏。香菇干品很易吸潮，吸收异味，所以烘干后要把它们装入双层塑料袋中密封，放于阴凉、避光、干燥、通风处、不要随便翻动。

13. 间歇养菌

每潮菇采收结束，菌袋需要休养一段时间，一般需 7～10 天，当采过香菇的穴位又生出白色菌丝时，养菌即可结束，适宜的养菌条件是：①温度保持在 20～26℃。②控制空气相对湿度在 75%～85%。③暗光。④加大通风，保持空气新鲜。

具体做法：

①当气温在 10～20℃时，养菌可以在出菇棚内进行，一般不翻动菌袋。

②当气温在 4～10℃时，把菌袋放置地上，可以竖放或"井"形堆放，白天引光增温，夜晚覆膜保温。

③当气温在 4℃以下时，先在地下铺 30 厘米左右麦秸，把菌袋竖放其上，并盖上麦秸和薄膜保温，适时揭开薄膜和麦秸，调节温度，加强通风。养好菌丝后，即可浸水进入第二潮出菇管理。如此循环，当香菇出 4～6 潮菇到第二年 4～5 月到来时，出菇基本结束。

（二）香菇秋栽技术

秋栽香菇有很多方法，如小袋脱袋出菇，即"古田模式"；大袋不脱袋出菇，称为"泌阳模式"，即"小棚大袋立体育花技术"。下面重点介绍秋栽泌阳模式与春栽技术的不同点。

1. 秋栽香菇品种

选用中偏低温型、早熟品种，生产中表现良好的品种有 856、087 等。

2. 秋栽适宜时间较短

一般为 8 月 20 日至 9 月 30 日，由于各地、各年份气候不同，因此具体时间要灵活掌握，一般以旬均温不超过 28℃时接种为宜。有一些谚语对秋栽香菇的时间作了概括和总结："延误种植期，种菇白出力""种植期提早,种植效益高""立秋种菇偏早,白露到秋分,种植期最好,寒露以前要紧,霜降前后坑人"。秋栽香菇只有40天左右的适栽期,所以生产安排上要严谨,制种及原辅料等生产必需物品,要提前安排妥当,以免延误种植。

3.秋栽香菇的菌袋要粗一些

一般以折幅22厘米、24厘米为好,也可以用折幅20厘米或26厘米的袋;大袋(24~26厘米)利于培养优质花菇,但总产量低一些,小袋(20~22厘米)也可培育优质花菇,总产量高一些。

4.秋栽香菇菌袋的接种穴数

比春栽香菇菌袋的穴数多,主要是为了尽快发菌成功,缩短培育菌袋时间。一般每袋接8~12穴,袋子粗的,种植期偏晚的要适当多一些,接种后,菌袋直接排成"井"字形,不能呈"品"形码成堆。

5.菌丝体生长管理阶段有较大的不同

由于秋栽香菇时,气温较高,菌丝生长快,并且秋栽时间较紧,尽快成功培育菌袋,提早出菇,则总产高,效益好;所以秋栽菌袋的培育要严谨,各项管理措施都必须及时到位,要在55~70天内让菌丝长满全袋,并完成转色,打好出菇的基础。菌袋培养的条件:干净、干燥、先暗后明;菌丝长满之后,要给予散射光;菌袋的温度要控制在22~28℃,一定不能太高,尽量不超过30℃,也不要低于22℃;保证室内空气新鲜,并适时刺孔供给菌丝氧气。在具体管理上,要做好翻堆、刺孔增氧和控温工作。

(1)1~6天。菌丝正萌发定植,不翻动菌袋,室温或袋温超过28℃时,开门窗通风。

(2)7~10天。菌丝已定植生长,到第7天从套袋外可以看到菌丝圈有2~6厘米大小,进行第一次翻堆。翻堆时杂菌及时处理,发现漏种及死菌要及时补上。翻堆一方面是管理操作的需要,另一方面翻堆可使菌袋发菌一致,便于以后管理。翻堆时都要轻拿轻放,并尽量做到上下调、里外翻。另外,每天通气2~3次,每次30分钟。

（3）10～15 天。菌丝已开始旺盛生长,控制袋温在 23～27℃,加大通风,到第 15 天菌丝圈已长到直径 8～10 厘米时,进行第一次刺孔,同时翻第二次堆。第一次刺孔用牙签,在缓种穴周围刺 4 个孔,深度 0.5～1 厘米,其位置在菌丝圈内距边缘 2 厘米,并间接种点方向斜刺。如果是枝条种,则不刺孔,而拔出枝条或把枝条塞进袋内 1～2 厘米深。无论如何操作,给予菌丝通风供氧时,都要分批次,防止菌丝得到充足的氧气后旺盛生长,发出大量的热,使袋温上升,且居高不下,造成管理困难。

（4）16～25 天。菌丝大量增殖,袋温升高,可以比室温高 3～10℃,可比室外温度高出 15℃,此时要加强通风,并加强对袋温的测量和控制,到第 25 天左右,穴口菌丝已经相连,形成 2～3 行,16～17 厘米宽的菌丝带,此时,进行第二次刺孔和第三次翻堆,第二次刺孔用毛衣针,在菌丝带内距边缘 2 厘米处,每隔 5 厘米向种穴方向,斜刺 2 厘米深的孔。

（5）26～35 天。菌丝继续旺盛生长,菌袋自升温最强,袋温可以比室温高 1.5℃,袋温居高难下,局部已长出瘤状物,此时,要加大通风量,降低堆高,摆稀菌袋,全力以赴控制袋温勿超过 30℃。到第 35 天左右菌丝已基本长满袋面,进行第三次刺孔,同时进行第四次翻堆。刺孔时,用削尖的筷子,刺深 3 厘米左右。并且要去掉门窗上的遮光物,使菌丝得到散射光照射。

（6）36～65 天。菌丝长满全袋,菌丝继续分解利用培养料,旺盛生长,积累营养,疣状物大量发生,菌袋分泌黄水,并转色。菌袋在开始转色后,菌袋自升温已减弱,气温也大幅度下降,袋温逐渐下降,此时菌袋易出现不转色就出菇现象,造成管理困难。因此,在管理时要注意:①减少通风量,防止冷风吹在袋子上。②再次用筷子在没有起疣状物的地方扎眼,增加菌丝供氧量,提高自身产热量,增加对培养料的分解利用,积累营养。③为防止袋与袋交叠处不起疣状物,不转色,而把菌袋稀稀疏疏地竖放,利于菌袋起泡、转色。④如果种植偏晚或者气温过低使菌袋温度仍低于 22℃,则需要覆膜保温。⑤如果天气过分干燥,可向菌袋浇水保湿。⑥切实防高温,此时菌丝抗热能力最弱,超过28℃时间稍长,就易烧坏菌丝。

6.秋栽香菇的出菇可以持续到第二年的春季,甚至到夏季,因此,秋栽香菇的春季管理也很重要

春季气温变化较大,加之菌丝已经出过菇后,菌丝的抗逆性降低,所以春菇管理一定要精心、认真。春菇管理须做到"七要七防"。①菌袋上的塑料袋要去掉,防闷袋。当外界平均气温上升到15℃时,菌袋很容易在高温高湿下污染杂菌,去掉外面的塑料袋,易降湿降温,不易感染杂菌,能够继续出菇。②菇棚要遮阳,防暴晒。春天太阳光强,不但可以晒死菌丝,还能使棚温升高,所以菇棚要遮阳。③菇棚盖膜要灵活,防缺氧。气温高或下雨时,棚膜四周全部揭开,使空气流畅,平时每天要揭膜通风2~3次。④水分管理要讲究,防失控。春菇生长期间,香菇长到1~2厘米时,要揭膜。如果天气太干,可在地面喷水增加湿度,当菇长至2~3厘米时,采用自然催花,直到采收。催菇期,则可以向菌袋喷水并灵活揭盖棚,促菇蕾发生。⑤采收加工要适时,防开伞。春菇生长快,质薄易开伞,因此,每天都须采摘,防止开伞。⑥菌袋清理要适时,防污染。春季在残留菇根部位常发生霉变,因此,每采一潮菇后,要进行清理,用小刀把菌棒上残留的菇根等削除,防止杂菌污染。⑦菌袋补液要适量,防过湿。春季菌棒生命力减弱,其补水量一定要适量,否则,菌棒很易解体。

四、香菇段木栽培技术

从香菇栽培的历史看,段木种植香菇一直是香菇栽培的主要方式。但由于目前我国林木资源紧缺,段木香菇难以持续发展。不过段木香菇品质极佳,又多产自深山幽谷,是社会公认的无公害、无污染、纯天然保健食品,顺应了人类回归大自然和提高健康水平的趋势,从国内外市场来看段木香菇颇受欢迎,因此,段木香菇还是很有

发展前途。只要注意森林的营造和合理培育管理,一定会实现森林的永续利用,达到林茂菇丰的良好境界。

(一)段木生产流程

将适宜栽培香菇的阔叶树原木伐倒后,截成短的段木,在段木上播种纯香菇菌种的技术,称为段木栽培。和代料栽培香菇相比,段木香菇产品品质好,收益高。而北方段木香菇与南方老产区相比,更具优势:北方段木资源相对丰富;气候条件适宜,产品品质优良;劳动力廉价,生产出的香菇成本低,价格便宜。这是近年来北方段木香菇产区形成的重要动力。北方段木生产已形成与北方气候特点相适应的栽培管理措施。

(二)香菇在菇木中的生长规律

1.菌丝在菇木中的生长特点

在香菇菌种植入菇木后,菌丝要经过一个恢复和适应的过程,这个过程称为定植。定植过程有长有短,依菇木内的温度和水分而定。环境条件适宜,菌丝很快恢复。环境条件恶劣,如温度过高或过低,水分缺少或过多,菌丝恢复缓慢,甚至死亡。当菌丝与菇木内环境条件相适应时,菌丝很快定植萌发,开始以接种孔为中心,沿树木的输导组织向周围快速延伸。输导组织包括树木韧皮部的筛管、木质部的导管、木射线等。在纵的方向上菌丝首先吸收导管、筛管中的水分和养分向前延伸,逐步分解木纤维,穿透细胞壁,连成一体。由于导管上下连通,并能运输充足的水分和养分,菌丝纵向生长特别快。段木心材部分导管积累有树脂、树胶、单宁、色素等物质,已没有运输水分和养分的作用,因而菌丝在心材部分生长缓慢,这就是心材多的菇木发菌速度慢的原因。如果菌穴深度不够,点种后5~8年的菇木,心材不能充分利用。

在菇木横的方向上,菌丝沿由薄壁细胞组成的木射线向内延伸。由于木射线运输水分和养分的能力很弱,木质坚硬,透气性较差,越往内部,氧气供应越不足,所以菌丝生长越缓慢。只有边材部分在菌丝作用下发虚后,菌丝穿透力才会增强。因此,菌丝在段木内横向生长较慢。菌丝横向生长速度为纵向生长的1/20~1/15。

北方和南方相比,树木生长慢,细胞直径小,壁较厚,导管少,木材结构紧密,菌丝生长缓慢,出菇晚。解决办法一是加大接种穴密度,特别是行距要小;二是穴孔要钻深,这对老龄树和大径菇木尤其重要;三是要采用"品"字形定植,使之交叉占领空间。

2.子实体生长特点

香菇菌丝在菇木内生长蔓延,当合成积累大量菌丝体和营养物质,达到生理成熟时,受干湿差、温度差和震动等外界条件的刺激,开始相互扭结,在树木形成层部位(木质部与韧皮部之间)形成粒状原基,即子实体的胚胎组织(由分化的双核结实性菌丝组成)。原基进一步生长和组织分化,形成菌柄和菌盖原基,并逐步撑破树皮,形成菇蕾。从菇蕾到子实体内孢子成熟需3~20天。子实体生长发育时间越长,香菇肉越厚,品质越好。菇农可在此期间根据市场需求,控制环境条件以调节子实体生长快慢,适时采收供应市场需求。

子实体采收后,菇木内菌丝经过一个时期的恢复和生长,重新出现新的子实体,这样循环,直至菇木养分用完为止。香菇栽培中,发生一次子实体(菇木普遍发生)称为一潮。一般一年收菇2~4潮。菇木树种不同,粗细不同,总潮数差异也较大。一根直径为10厘米的菇木,可收10潮左右,干菇产量约0.3千克。粗菇木潮数多、产量高,细菇木潮数少、产量低。

(三)栽培季节和生产周期

1.接种季节

接种也叫点菌,传统接种季节是3~4月。近几年随着增温保温设施的发展,不少地区提前接种到12月至翌年2月。这样温度虽低,但在室内或地面发菌,可减少杂菌污染,提前出菇。

2.菌丝生长期

香菇菌丝定植后,一般在5℃以上,香菇菌丝即能缓慢生长。

随着自然气温的升高,菌丝生长加快,一般经 8 个月以上的生长,菌丝可把整个菇木内部长满。

3.出菇期

管理得当,当年接种,当年出菇,一般秋季 10～11 月可少量出菇,第二、第三年大量出菇,菇农称为洪茬,第四、第五年出菇量减少。因此,段木栽培香菇,种一次,多茬采菇,可连续收 5 年。每立方米菇木大约可收干菇 30 千克以上。

(四)菇场的选择与建造

菇场是堆放段木、接种发菌和出菇的场所。香菇栽培场地不同,直接影响到产品的产量和质量。因此,要根据香菇的生物学特性和生长要求,结合当地气候特点认真选择、清理、建造菇场。

1.菇场的选择

菇场应选择在阳光充足、日照时间长、避西北风的南坡或东坡。坡度 15°～20°,既可避免冬季来自西北方的干冷风雪袭击,保暖性好,又能避免夏季直射光照射,通风好,阴凉。禁止在风口和狭窄的谷地建场。菇场要交通方便,电力充足,靠近水源,排灌方便。菇场附近要有丰富的香菇林木资源,运输方便。

2.菇场的建造

(1)场地清理和规划。菇场选择好后,在菇木进场前,要进行场地清理。清除并烧毁场内杂草、枯枝落叶、树皮、树根;清除场地周围 5 米内的灌木、杂草和腐朽物。适当平整土地,规划菇场,使遮阳棚、菇木排放场地、喷灌系统、供电系统、干燥设备及运输和通风道均有合理的位置,并绘制菇场规划图。

(2)遮阳棚的建造。遮阳棚要求结构紧凑,外观整齐,坚固耐用、高低适中。一般 100 架菇棚面积约 1 000 平方米。建造遮阳棚首先树立四根角柱,每根角柱用两根拉线固定,再架边线。要依据黑网的宽度计算四边长度,确定角柱位置。角柱穴深 45 厘米,然后竖边柱。每根边柱用一条拉线固定,然后不同方向的每两根边柱用

8号铁丝沟通。边柱线拉好后,按黑网宽度等距离竖立支柱。最后将黑网固定在铁丝上。黑网之间要用绳子连接起来,网间宽度不可超过10厘米。如果网间过宽,易造成直射光进入而晒死菌丝。小型遮阳棚可以用带叶的树枝、秸秆作为遮阳材料。有条件的地方,最好选用针叶树枝,既遮阳,又有杀菌作用,可以减少菇木病害。其他事项还有固定喷灌设备;建造围墙,防止人畜破坏;修建排水沟等。

(五)段木的砍伐和制作

1.树种的选择

最理想的是材质坚硬,营养丰富,树皮不易脱落的树种,如栎类树种(麻栎、栓皮栎、青冈栎、槲栎、柞树等)。其他松、樟、杉等不宜栽培香菇。树皮极薄的如板栗、茅栗,结构疏松的泡桐、毛白杨、沙兰杨等养分少、产量低、品质差、薄菇多。树皮易脱落的刺槐、白榆等最好都不做香菇段木栽培。

2.砍伐期和方法

北方地区落叶树种原则上整个休眠期都可砍伐。所谓休眠期,是指树液停止流动的一段时间,一般从叶子变黄到第二年树芽萌发前。休眠期内树木养分贮藏最丰富;树皮与木质部结合最紧密,砍伐后树皮不易脱落;正值低温季节,杂菌污染少;休眠期营养集中于根部,树液不易从根部流出,有利于树桩萌芽更新。具体砍伐时间,一般要求砍伐与点种间隔不超过30天,砍伐时合理安排劳力和运输工具,分批分期交替进行。为了满足菌种定植期菇木对水分的要求,要彻底改变过去冬季砍树、春季点种的旧习惯,尽可能在砍树后较短时间内点种。砍后暂时不能点种的菇木,应将段木堆叠起来,用塑料薄膜盖住,防止水分散失过多。为了其树桩萌芽再生容易,砍伐菇木时不能用锯子锯,必须用斧砍伐,而砍口最好呈"鸦雀嘴"状,以利于萌发再生。砍倒的树木剔枝后截成段木,段木长1~1.2米,截成段木只是为了管理和运输方便,对香菇产量和质量无多大影响。

3. 架晒干燥

段木截好后,要进行适当干燥,堆成"井"字形进行架晒,使段木含水量达到 38%～42%,有利于香菇菌丝生长。

4. 段木栽培计产单位

段木栽培香菇,习惯以"架"或"棚"来计算种植的数量和产量。1～1.2 米长的段木 50 根为一架。由于菇木大小差距较大,因此,架不是个很精确的计产单位。一般小头直径平均 12 厘米,长 1.2 米的段木,每架约 0.75 立方米。其重量若以栓皮栎、枫类树材计算,每 0.75 立方米为 800～850 千克。每架段木香菇每年约收干香菇 4～6 千克。

(六)品种选择

段木栽培应选肉厚、柄短、菇质紧密、制干率高的中低温品种为主,搭配中高温品种,常用低温和中低温菌株有:7401、507、7412 和 241,中温型有 L03 和 W4,中高温型有 L51、465、7911 和 7925 等。

(七)段木接种

1. 接种时间

段木运进菇场,要抓紧时间及时接种。适宜接种期从 12 月一直可以延长到翌年 4 月底。最好晴天进行,雨天或大风天忌接种。

2. 接种要求

要求穴孔端正,分布均匀,隔行相对,形成"品"字形。行距 3～5 厘米,穴距 10 厘米,深度进入木质部 2～2.5 厘米(带树皮 3 厘米以上)。

3. 接种方法

接种前做好准备工作,准备好皮带冲、铁锤、电钻,检查菌种有无质量问题,接种人员和场地进行消毒。接种时采取流水作业,边打穴,边接种,边封口。接种方法有枝条种和木屑种两种方法。木屑种常采用瓶装,挖出放在消过毒的盆内。塑料袋菌种将其分作两段,每段将其掰成 1 厘米的圆薄片。接种时左手拇指和食指握住菌片两侧,其余 3 指对准穴孔,右手准确、迅速、轻轻地将菌种塞入穴孔,捣实填平,不能突出和凹陷。一行穴位点完再点第 2 行,检查有无漏穴。要求当日钻孔当日必须点播完毕,一根段木只能点播一个品系的菌种。

接种完毕后要立即封口,常用的封口方法有木盖(树皮盖)和混合蜡法。

(八)上堆发菌

发菌也称养菌。发菌的过程就是将接种后的菇木按一定的格式堆放在一起,使菌丝迅速定植,并在适宜的温度、湿度条件下向菇木内蔓延生长的过程。发菌时,菇木的堆放方法要因地制宜选用。

一般有以下几种方法。

1."井"字形

适于地势平坦、场地湿度高,菇木含水量偏足的条件采用。首先在地面垫上枕木,将接好种的菇木以"井"字形堆成约 1 米高的小堆,堆的上面和四周盖上树枝或茅草,防晒、保温、保湿。

2.横堆式

菇场湿度、通风等条件中等,可采用横堆式。堆时先横放枕木,再在枕木上按同一方向堆放,堆高 1 米左右,上面或阳面覆盖茅草。

3.覆瓦式

适于较干燥的菇场。先在地面上横放一根较粗的枕木,在枕木上斜向纵放 4～6 根菇木,再在菇木上横放一根枕木,再斜向纵放 4～6 根菇木,以此类推,阶梯形依次摆放。

除上述 3 种摆放方法外,还有牌坊式、立木式和三角形摆放方法,各菇场可根据实际情况灵活选用。

(九)发菌管理

菇木堆垛后,即进入发菌管理阶段。发菌管理主要指如何采取适当的措施,控制菇木的环境条件以促进尽快出菇。

1. 遮阳控温

堆垛初期,垛顶和四周要盖有枝叶或茅草。接菌早、气温低时,为了保温,垛上可覆盖一层塑料薄膜。如果堆内温度超过20℃时,应将薄膜去掉。天气进入高温时期,最好将堆面遮阳改为搭凉棚遮阳,这样有利于降低菇场温度。

2. 喷水调湿

在高温季节,菇木的含水量相应减少,特别是菇木含水量干至35%以下,切面出现相连的裂缝时,一定要补水。高温季节要选在早晚天气凉爽时进行补水。补大水后要及时加强通风,切忌湿闷,否则不但杂菌虫害会大量滋生,而且易导致菇木发黑腐烂。

3. 翻堆

菇木所处的位置不同,温、湿条件不一致,发菌效果也会不同。为使菇木发菌一致必须注意翻堆。翻堆就是将菇木上下左右内外调换一下位置。一般每隔20天左右翻堆1次。勤翻堆可加强通风换气,抑制杂菌污染。翻堆时切忌损伤菇木树皮。

(十)立木出菇

经过两个月左右的养菌,菇木已到成熟时期,较细的菇木已具备出菇条件(较粗的菇木往往要经过两个夏季才能大量出菇)。成熟的菇木常发出浓厚的香菇气味或出现瘤状突起(菇蕾)。完全成熟的菇木必须及时立木,以便进行出菇期间的管理。

立木方式采用"人"字形,用4根1.5米高的木段分两两一组先交叉绑成两个"X"形,在"X"形木架上放一根长横木,横木距地面60～70厘米。最后将菇木成"人"字形交错排放在横木上。"人"字形菇木应南北向排放,以使其受光均匀。

在菇木立木前,菇木要进行浸淋水处理。浸水时间的长短应使菇木在浸水地中没有放出气泡为止(一般为10～20小时),说明菇木已吸足水分。菇木在浸水过程中要轻拿轻放。千万不能损伤树皮并要求浸水时用清洁的冷水。浸水时还应防止菇木漂浮,在菇木上面铺上木排,压上重物,使菇木全部沉没在水中。

对没有浸水池等设备的菇场,亦可用将菇木放倒在地面上使其吸收地面水分的方法催菇。干旱无雨时,应连续几天大量喷水,直至菇木上长出原基并开始分化时再立木出菇,这一方法同样可以达到催菇的效果。

(十一)出菇管理

出菇管理期间的技术措施应围绕着"温、湿、惊"3个方面着手。

1.温度

菌丝发育健壮、达到生理成熟的菇木,经浸淋水催菇后,遇到适宜的温度后即大量出菇。适宜出菇的温度范围为10～25℃。在这一范围内,其温差在10℃左右时有利于子实体的形成。较大的温差变化,能使菇木营养暂聚,扭结成子实体,继而在较高的适温条件下膨大成小菇蕾,再在较恒定的适于子实体生长的温度内,使小菇蕾正常的发育成人们所需的香菇。

2.湿度

香菇段木栽培出菇阶段的湿度包括两个方面,一是菇木的含水量,二是空气湿度。如果菇木中含水量在出菇阶段低于35%,不管其菌丝发育多么理想,也无法出菇。第一年菇木的含水量在40%～50%为适合,第二年菇木含水量调节至45%～55%为宜,第三年菇木含水量指标为菇木重量近于或略重于新伐时的段木重量。菇木的含水量,出菇期比无菇期高。菇木年份越长,其含水量也要求随之增高。另外,在原基分化和发育成菇蕾时,菇场的空间相对湿度应保持在85%左右。随着子实体的长大,空间湿度应随之下降至75%左右。当子实体发育至7～8分成熟时,空间湿度可下降至偏干状态。

3.惊木

它是我国菇民在长期的生产实践中总结的经验。惊木方法主要有两种,第一种为浸水打木。菇木浸水后立架时,用铁锤等敲击菇木的两端切面。菇木浸水后其氧气相对减少,惊木后菇木缝隙中多余水分可溢出,增加了新鲜氧气,使断裂的菌丝更能茁壮成长,促使原基大量爆出。第二种为淋水惊木。在无浸水设备的菇场、可利用淋水惊木方法催菇。淋一次大水,在菇木两端敲打一次或借天然下雨时敲打菇木,也能获得同样的效果。北方冬季下大雪时,可将菇木埋在雪里,待雪溶化渗湿菇木后,进行惊木,效果也很理想。

(十二)生息养菌

当一批香菇采摘完毕或一季停产后,菇柄基部附近或出菇多的菇木菌丝体中养分和水分大量减少。为使这些菌丝体重新积累养分和水分,就得让其生息养菌,复壮后以待继续出好菇。生息养菌可分为隔批养菌和隔年养菌。

隔批养菌是指当一批香菇采收完毕,即需进行短期的养菌。在休养期间菇木水分要掌握略偏干些,通风量大些,温度尽量提高些,为菌丝复壮创造良好的环境条件。

隔年养菌是指当出菇生产周期结束后,即进入隔年养菌阶段。此阶段养菌期较长,故将菇木略风干后,在菇场以不同的堆叠方式堆垛。在管理时要做到菇木透气保温,免日晒、防病虫害等。出菇期将到来时,再进行浸水、立架等出菇管理。

第七章 平菇栽培技术

平菇门,属于担子菌亚门、层菌纲、伞菌目、侧耳属。侧耳属的子实体菌盖多偏生于菌柄的一侧,菌褶延生至菌柄,形似耳状而得名。侧耳属是一个大家族,共有 30 多种,有很多名优品种,除平菇外,还有阿魏菇、鲍鱼菇、杏鲍菇、凤尾菇、榆黄蘑、姬菇等。人们通常所说的平菇泛指侧耳属中许多品种,俗名冻菇、北风菇等。平菇具有适应性广、抗逆性强、原料来源广、栽培技术简易、生产周期短、产量高、经济效益好等特点,已发展成为世界性栽培菇类。平菇营养丰富,味道鲜美,兼有一定的药用功效。据分析,100 克干品中含粗蛋白质 30 克左右,是鸡蛋的 2.6 倍,更高于一般蔬菜。含脂肪 1.0~2.0 克、碳水化合物 57.6~68.0 克、纤维素 7.5~8.7 克、灰分 6.1~9.5 克。平菇不但是高蛋白、低脂肪的食品,而且有一定的药用功效。平菇栽培技术由瓶栽、床栽、畦块栽培,发展到室内立体栽培、大棚式覆土栽培、田间套作栽培、瓜果间作栽培。培养料的生物转化率由 80% 提高到 150% 以上。原料的利用由棉籽壳、玉米芯扩大到秸秆、谷壳、醋渣、酒糟、糠醛渣等农副产品及工业下脚料。

一、平菇的生物学特征

(一)形态特征

平菇是由菌丝体和子实体两部分组成的。菌丝体是平菇的营养器官。其主要功能是分解培养料的有机物质,吸收、贮存营养物质,供子实体生长的需要。菌丝是由孢子吸水萌发而成,白色、绒毛状、众多的分枝交错穿插形成菌丝体,菌丝分初生菌丝(单核菌丝)和次生菌丝(双核菌丝)。子实体是平菇的繁殖器官,由菌盖、菌柄、菌褶组成。子实体多数丛生、叠生,极少数单生。菌盖肉质,直径5~20厘米,中部逐渐凹陷,形成扇形、贝壳状或漏斗状。菌盖初期呈青灰色、黑色或黄色,后变成浅灰色、褐黄色、灰白色、白色。菌盖边缘平坦、内曲。过熟边缘上卷。菌肉白色、肥厚、柔软。菌柄有的侧生,有的偏生,柄长1~10厘米,柄粗1~4厘米,白色、中实,基部常有白色绒毛覆盖。菌褶着生在菌盖下面,长短不整齐,刀片状。切除菌柄后的菌盖放置在黑色纸上,经过一夜,就有白色孢子纹,这是平菇担孢子集合体。担孢子就是平菇繁衍后代的种子。在子实体成熟时,可见菌褶上弹射出白色雾状物,称"孢子雾"。菌丝生长为子实体生长准备物质条件,生殖生长必须以营养生长为前提。因此,只有菌丝生长健壮、养分积累得多,子实体才能长得多、长得好。

(二)子实体生长发育阶段

平菇的生活史:子实体—弹射孢子—孢子萌发—形成菌丝体—子实体。子实体的发育可分为原基期、桑葚期、珊瑚期、成形期。

1. 原基期

当菌丝长满培养料后,在适宜的温度、湿度、新鲜空气和光照等条件下,菌丝扭结成团,并出现黄色水珠,分化形成子实体原基,即呈瘤状突起,这一时期称为原基期。

2. 桑葚期

子实体原基进一步分化,瘤状突起表现出小米粒似的一堆白色或蓝色、灰色菌蕾,形似桑葚,称为桑葚期。

3. 珊瑚期

桑葚期经1~2天,这些粒状菌蕾逐渐伸长,向上方及四周呈放射状生长,表现为基部粗、上部细,参差不齐的短秆状,形如珊瑚,称为珊瑚期。

4. 成形期

珊瑚期经2~3天形成原始菌盖,菌盖迅速生长,在菌盖下方逐渐分化出菌褶。由成形期发育成子实体需 3～7 天。平菇子实体的发育和温度关系密切。在前期菇柄生长快，后期生长慢，直至停止生长。菌盖前期生长慢，后期生长迅速。整个生长发育进程中，应科学管理，控制菌柄生长，促进菌盖发育，使菌盖厚，质量好。

(三) 生活条件

平菇生长的主要生活条件有营养、温度、湿度、光线、酸碱度等。平菇是一种木腐性真菌，能利用多种碳源，如醇、糖、淀粉、半纤维素、纤维素、木质素等。这些碳源均可以从蔗糖、棉籽壳、玉米芯、作物秸秆、木屑中获得。平菇所需要的氮源主要有蛋白质、氨基酸和尿素等。平菇生长过程中还需要少量的维生素和无机盐。在人工栽培平菇时，可以加入麸皮、米糠、玉米粉、碳酸钙、磷酸氢二钾、尿素等。平菇属低温型菌类。菌丝体生长温度是 4～33℃，最适温度是 24～28℃；子实体形成温度在 6～28℃，最适为 12～18℃ (不同生态类型的种类有明显的差异)。变温刺激有利于子实体形成。孢子形成的温度是 5～30℃，最适温度为 13～14℃，其萌发温度为 13～28℃。在菌丝体生长阶段培养料中的水分以 60% 左右为宜，而空气相对湿度应保持在 70% 左右。在子实体生长发育阶段，空气相对湿度要求在 85%～95%。空气相对湿度低于 80%，则子实体发育缓慢、易干枯；若高于 95%，菌蕾、菌盖易软化腐烂。菌丝体生长不需要光线，光对菌丝生长有抑制作用；而子实体生长需要有散射光刺激，光照强度以 50～3 500 勒克斯为适宜。平菇是好气性真菌，需要新鲜的空气。菌丝体生长阶段，若通气不良，菌丝体生长缓慢或停止。出菇阶段氧气不足，菌柄细长，菌盖变薄变小，畸形菇多。因此，栽培时，要给平菇以足够的新鲜空气。平菇喜偏酸性环境，最适 pH 值为 5.5～6.0，一般 pH 值在 3～10 范围内均能生长。在栽培时，加入 2%～3% 石灰粉，可以抑制培养料中杂菌的生长，而随平菇菌丝生长，环境 pH 值逐渐降至微酸性，平菇在偏碱性范围内也能生长。

二、平菇的类型及主要栽培品种

(一)平菇温度类型

侧耳属中适于人工栽培的种类较多,栽培时必须根据当地当时的气候条件,选择适宜的栽培种类。

(二)当前主要栽培的平菇品种

1.糙皮侧耳

属于这种的菌株较多,如平菇 99 号、联邦德国 33、农大 11、低温 831、常州 2 号等。糙皮侧耳的形态特征是:子实体菌盖重叠,呈覆瓦状丛生;子实体基部相连,呈密集型丛生。个大,菌盖直径 4～20 厘米,呈扇形或扁球形。边缘内卷,初期深灰黑色,后渐变淡;成熟后呈鼠灰色至白色,表面光滑,下凹处有棉絮状绒毛。肉质肥厚,柔软有韧性,色白。菌柄短,一般为 2～6 厘米,白色、光滑。菌柄基部长有白色绒毛,侧生或偏生,中实。孢子近圆形,五色,光滑,孢子印白色。糙皮侧耳的子实体多发生在秋、春季节,是一种中、低温型品种。温型特点是:菌丝生长温度为 5～35℃,适温 22～25℃,28℃以上产生黄色水珠,老化快。子实体生长温度是 3～28℃,最适温度 8～17℃。栽培时,冬季低温条件下子实体短期冰冻不死,化冻后仍可继续生长,生物学效率为 90%～150%。

2.美味侧耳(紫孢侧耳)

属于紫孢侧耳的有平菇 89(CCEF89)、南京 1 号、539 等。其形态特征是:子实体多丛生,菌盖直径 3～16 厘米,呈扁形或肾形,表面光滑,边内卷;初生时铅灰色,后渐变为灰白色至白色,有时稍带浅褐色。肉质肥厚,有韧性,不易破碎,香味浓郁。菌褶延生至菌柄,白色。菌柄短,偏生或侧生,长 2～5 厘米。孢子圆形,无色至淡紫色,孢子印淡紫色,故有紫孢之称。紫孢侧耳的子实体多发生在秋末初春季节,是一种低温型品种,比糙皮侧耳更耐低温。温型特点是,菌丝生长温度 4~25℃,适温 6~20℃。栽培时必须加大通风量,否则出菇率高而成菇率则偏低。紫孢侧耳的生物学效率为 80%~150%。

3. 漏斗状侧耳

漏斗状侧耳又称凤尾菇、环柄平菇。其形态特征是:子实体单生、群生,个体较小而密,出菇率高。菌盖脐状至漏斗状,直径 3~15 厘米。菌盖灰白色,干后米黄色至浅土黄色,光滑,边缘较薄,呈波浪状,形似凤尾,中央或偏中央处凹陷。菌柄短呈圆柱形,长 1~4 厘米,侧生,中实,常具菌环。孢子圆柱形,无色,光滑。孢子印白色。漏斗状侧耳的子实体属中高温型,一般在早秋和春末栽培。它对温度的要求较严格,菌丝生长的最适温度为 23~27℃,高于 30℃菌丝易老化衰变,低于 20℃菌丝生长缓慢。子实体形成时温度控制在 10~25℃,高于 27℃子实体原基发育便受到影响,子实体变黄腐烂或干缩。温度 20℃左右,子实体从扭结到采收需 7 天左右,颜色灰白色,菌盖边缘较薄,菇生长呈明显的漏斗状。13℃以下子实体生长需 10 天左右,色泽深灰,菌盖厚,柄短,呈贝壳状。

4. 佛罗里达平菇

该品种是近几年来推广面积较大的品种,由它诱变选育的有中蔬 10 号、P24。其生理特点大同小异,形态差异不明显。佛罗里达平菇的形态特征是:子实体丛生,朵形大,菌盖近圆形,表面平展,边缘整齐稍薄,菇体易破碎。在弱光下呈乳白色,强光下浅棕褐色。菌盖直径 5~18 厘米,偏中央处凹陷,成熟后凹陷处易产生毛状白色的再生菌丝。菌柄长 3~15 厘米,纤维较多,口感差。当培养料的营养丰富、通气好时,菌柄较短,差时较长。菌褶延生至菌柄,孢子白色,光滑,卵圆形,孢子印白色。佛罗里达平菇菌丝粗壮,抗杂菌能力强,适应性广,产量亦高。菌丝生长温度以 20~25℃为宜,子实体适宜温度为 10~26℃。佛罗里达平菇属广温型品种,适合菌粮、菌果、菌菜间作,生物学效率 140%。除了上述品种外,还有丰抗 90、小平菇、杂交 17、平菇 97、少孢 06、江都 8 号、新农 1 号、双耐3号、侧五、亚光1号等,这些平菇菌种都是高产、抗杂的优良菌株。

三、平菇的栽培技术

平菇在生产上按栽培方式有塑料袋栽培、畦床栽培、覆土栽培等,按原料处理方法有发酵料栽培、灭菌料栽培和生料栽培。

(一)塑料袋栽培

1. 发酵料栽培法

这是培养料经堆积发酵后,开放式接种、发菌出菇的一种方法,是当前平菇栽培广泛应用的一种方法。

(1)栽培程序。原料准备—堆积发酵—装袋接种—发菌培养—出菇管理—采收加工。

(2)培养料配方与配制:

①玉米芯100千克,麦麸5千克,豆饼粉3千克,过磷酸钙2千克,尿素0.4千克,石膏粉2千克,石灰粉3千克。料水比1:(1.3~1.4)。

②豆秆粉50千克,棉籽壳50千克,麦麸5千克,过磷酸钙2千克,尿素0.3千克,石膏粉2千克,石灰粉3千克。料水比1:(1.3~1.4)。

③棉籽壳100千克,麦麸5千克,过磷酸钙1.5千克,尿素0.3千克,石膏粉2千克,石灰粉3千克。料水比1:(1.3~1.4)。

④棉籽壳500千克,石灰10千克,石膏粉5千克,磷酸二氢钾1千克,食盐1~1.5千克,豆饼粉15千克,50%多菌灵可湿性粉剂0.5千克。料水比1:(1.4~1.5)。

⑤玉米芯(或黄豆秆)500千克(或玉米芯250千克,黄豆秆250千克),石灰15千克,石膏粉5千克,磷酸二氢钾1千克,食盐1~1.5千克,豆饼粉15千克,50%多菌灵可湿性粉剂0.5千克。料水比

1：(1.4～1.5)。培养料按配方选定分别处理。棉籽壳摊晒,要求干燥、干净、新鲜、无霉变;玉米芯选干净、无霉变,晒干碾碎成枣、黄豆粒大小及碎屑,装入编织袋在1%的石灰水中浸泡12小时左右;豆秆晒干粉碎,拌料前预湿处理1～2天。拌料时先把过磷酸钙、石灰粉过筛,然后和麦麸、石膏粉一起拌匀撒入料内,翻拌2～3次,尿素溶于水后加入翻拌均匀,含水量在65%～70%。

(3)建堆发酵。培养料拌匀后建堆,堆宽1～1.5米,高1.2～1.5米。起堆要松,表面稍加拍子后,用直径5～10厘米一端稍尖的木棒,每隔30厘米垂直打一个透气孔,堆表覆盖薄膜或草帘。当料堆中上部湿度达到60℃以上时进行第一次翻堆,稍加拍平后,打孔、覆盖、继续发酵。当料温达到65℃以上时保持11～12小时,进行第二次翻堆。如此翻堆3次,就可达到发酵成功。发酵好的培养料松散而有弹性,略带褐色,遍布适量的放线菌斑,含水量65%,pH值为7～8,不酸、不黏、不臭。

(4)装袋接种。栽培平菇的塑料袋多采用低压聚乙烯筒料。筒料选用厚0.02～0.03厘米,宽20～25厘米,长40～50厘米为宜,一般用双开口塑料袋,袋口颈圈直径为3～4厘米。装料时先在塑料袋的颈圈口处装一层菌种,然后装一层料,边装料边压实,再放上一层菌种,整平压实,另取一个塞子放在袋口,用绳扎好。菌种接量以培养料干重的15%～20%为宜,两端袋口处接种量占总接种量的1/2～3/4。为了保证菌丝生长阶段所需的氧气,装料要求两头紧中间稍松,也可在紧贴菌种的塑料袋外壁上,用消过毒的医用注射针尖扎一些微孔,以增加氧气的进入,也有在接种后的袋子中纵向扎一个直径2.5厘米的通气孔,加快菌丝的生长速度。

(5)堆积发菌。接种后的料袋移入消毒的干燥培养室内,将料袋横放在地面或床架上,一层层地堆积起来。堆的层数和行距可根据培养室的温度灵活掌握,原则是袋温度控制在20～28℃,严防料温升至30℃以上。一般冬季堆的层数多,行距窄;热天堆的层数少,行距宽。可通过开窗通风或散堆降温控制温度,待温度稳定后,袋子堆放达 4～5 层。袋子堆积后经常检查温度和杂菌感染情况与菌丝成活情况。一般每 10 天翻堆 1 次,使发菌均匀。若温度高应减少堆积层数,放宽行距;若出现杂菌应及时拣出;若菌丝不活或生长不良,应及时检查原因,采取措施进行处理。经 20～30 天,菌丝可长满袋,若在 10％以下菌丝发满袋则需 40～50 天。

(6)出菇管理。菌丝长满料袋后即进行调堆。一般堆高 0.8～1.2 米,作业道 0.8 米。调堆时根据生长情况等分别堆放,现蕾的打开菌袋两头的封口,转入出菇期管理;未现蕾的根据情况分批揭开袋口,分批管理。菌袋出菇需较低的温度,较高的空气湿度,充足的氧气,一定的光照强度和变温刺激。菌袋敞开两头增加通气,向地面、墙壁、空间喷水。保持空气相对湿度在 85％～90％,切忌直接向幼蕾喷水,随着菇体的长大,应增加菇房的湿度,每天要轻喷、勤喷,由每天的 1～2 次增加到 2～3 次,并打开门窗,给予散射光和新鲜空气。低温时还需加温。若条件适宜,10 天左右可见到子实体分化。袋栽优点是易搬动,栽培时可以采用室内发菌、室外出菇。室外出菇可以在塑料棚、草棚内,在树荫、瓜菜架下,也可在室内出菇。

2.灭菌料栽培法

这是将培养料装袋后经高压或常压灭菌,接种后发菌出菇的一种方法,俗称熟料栽培。该方法发菌成功率高,出菇快而整齐,产量高,菇质密实,不易破碎,耐运输,因而近年栽培规模呈扩大趋势。熟料栽培多采用袋栽法,所用塑料袋规格长 40～45 厘米,宽 18～20厘米,厚 0.02～0.03 厘米,装料后两端用扎绳扎活口;高压灭菌120℃灭菌 3 小时,常压灭菌 100℃维持 8～10 小时,出锅冷却至30℃以下时接种,在 20～25℃下,干燥、暗光、通气条件下培养。当料筒两端菌丝封面并吃料 3 厘米左右深时,翻堆并刺孔增氧。经 30天左右,菌丝即可长满袋,进入出菇期管理。

3.生料栽培法

这是培养料直接加水拌匀后,开放式接种、培菌、出菇的一种方法。这种方法简便,但杂菌易污染,料温变化剧烈,必须加强管理,宜低温季节采用。其技术要点是:选用活力强的菌种;精选原料,干燥、新鲜、不霉变;接种量加大,增至 15%~20%;稍低温度培养,一般不超过 25℃;加强管理,料中加入 1%~3%的食盐和 0.1%的多菌灵,提高发菌成功率。只要掌握以上生产方法,生料栽培也是生产上很有前途的一种方法。生产上常用配方为:①棉籽壳 100%,加石灰 1%~4%。②玉米芯粉 8%,棉籽壳或豆秆 20%,过磷酸钙 2%;③玉米芯粉 98%,石膏 1%,过磷酸钙 1%。

(二)畦床栽培

1. 栽培程序

配料—菇房消毒—铺料播种—发菌培养—出菇管理—采收—恢复期管理。

2. 技术要点

(1)培养料的选择配方及处理方法。与袋栽基本相同。但床栽是更开放式的栽培,更易感染杂菌,配料内可添加 1%~5%的生石灰和 0.1%的多菌灵,防止杂菌的污染。

(2)栽培场地的选择与消毒。室内、室外、人防工事都可进行大床栽培,在地面上可进行单层或多层床架式栽培。室外栽培要有遮阳防护设备,可以搭塑料薄膜棚、草棚或挖地沟。室内无论瓦房、草房、地下室、窑洞、地道等均可改建成菇房利用。栽培场所要通风、清洁卫生,能保温、保湿、靠近水源,排水方便且远离鸡棚、牛舍、猪圈、厕所等。在栽培前要做好清理场所和菇房消毒工作。

(3)铺料播种。培养料铺在地面或培养架上,一般宽度为 90~100 厘米。先在菇房上铺一层农用薄膜,再将培养料均匀地铺在薄膜上,平整压实,料面成龟背形,厚度为 10~15 厘米。气温高时铺料稍薄,气温低时略厚一些,每平方米床面用干料 15~20 千克。播种方式可混播、层播和点播,每平方米用菌种 4~5 瓶。播种后先盖一层报纸,再盖薄膜即可。

(4)发菌管理。播种后管理的要点是调温和防止杂菌污染。菇房温度应控制在 15～20℃,播后 10 天左右,盖好薄膜保温保湿,密切注意料温过高烧菌,料温不得超过 28℃。10～15 天菌丝已布满料面,并向深层发展;防止二氧化碳增多,应每隔 2～3 天作短时间揭膜通风,薄膜四周勿需盖严,勤观察生长情况并及时处理杂菌。20 天左右,每天早晚揭膜一次,注意开门窗通风换气。30 天后进入分化期,进行温差刺激,料温调整到 15～18℃,增加光照,保持良好的通气状况和提高空气的相对湿度,以促进子实体原基的分化。

(5)出菇管理。40 天左右,料面出现桑椹状子实体原基,揭去薄膜,经常喷水控制温度,空气相对湿度调至 90% 左右,加强通风换气。从现蕾到采收约 20 天。第一茬采收后,停水盖膜养菌 3～4 天,再揭膜管理,有 10～15 天即有第二批新的菇蕾发生。种一次菇可采收 3～4 茬菇。每千克原料可产 0.5～1 千克鲜菇。为了提高平菇的产量,在子实体生长阶段可喷洒营养液,其配方可选用:①葡萄糖 1%,尿素 0.3%,柠檬酸 0.29%。②葡萄糖 1%,味精 0.1%,维生素 B_1 0.01%。③葡萄糖 1%,硫酸镁 0.03%,硫酸锌 0.02%,维生素 0.01%,磷酸二氢钾 0.1%。④比久 0.01%,硫酸镁 0.04%,硼酸 0.01%,维生素 B_1 0.01%,硫酸锌 0.2%,尿素 0.05%。⑤豆浆水 2%。

(三)间作套种立体高效种植技术

这是一种立体种植方式,利用多种生物共处,充分利用空间及温、光、水、气等环境中的各因子,形成一个生态上互补、互促的良性循环,从而菇粮、菇菜、菇果双丰收。它是近年城市郊区发展的一种栽培方式,是提高农田经济效益和生态效益的新方法。

1. 立体种植方式

(1)农田立体组合

①玉米(高粱)平菇或草菇通常与高秆作物如玉米、高粱等,在行间套种平菇或草菇。春季套种以中温型和高温型平菇为宜,秋季

套种则以低温型平菇为好。采用两种方式种植,一种方式是高粱、玉米等按宽、窄行种植,宽行 60～90 厘米,窄行 40～50 厘米,平菇或草菇种植在宽行内;另一种是玉米或高粱每个条幅宽 60 厘米或 80～90 厘米,每个条幅种植玉米 3 行或 4 行,株距 10 厘米,平菇每个条幅宽 45 厘米,另有走道兼水道宽 40 厘米。平菇播种期要与玉米遮阳相吻合。春玉米 4 月播种,夏玉米 6 月播种,当作物长到 50～70 厘米高时,结合施肥、中耕在宽行间起埂培土,挖深 20 厘米、宽 30～40 厘米的畦床,培土后畦床深约 40 厘米。播前畦床灌水一次,保持畦床湿润,铺料播种与大床栽法基本相同,或将长好的菌袋,在玉米遮阳期搬入田间出菇。平菇畦床栽培或塑料袋栽培,在出菇期可用小拱棚栽培,既通风又遮阳防雨。②稻田水稻田要求排灌方便,按正常方式栽插,每 2 米左右预留一条宽 30～40 厘米的操作道,便于采菇和检查,稻行最好成东西向。稻田套栽平菇多用发好菌的塑料袋,在 7～8 月水稻已经封行,具备遮阳保湿条件,即可搬入田间正常管理出菇。稻田水分管理采用勤灌勤放,日灌夜排或夜灌日排。农田立体组合还有小麦—平菇—棉花—草菇;玉米—草菇;水稻—木耳(香菇)等方式种植。

(2)果—菜—菇立体组合。①平菇—菜套种选择大颗型且经济价值高的蔬菜,如与茄子、番茄、大白菜间作套种。一般采用宽窄行种植或菇菜轮作。蔬菜宽窄行种植方式是:窄行按蔬菜田间栽培正常行距种植,宽行 70～80 厘米,在行内建造菇床。菇菜轮作是:早、中熟大白菜收获后,及时翻地,畦床式栽培平菇,上用弓棚、农膜、草帘覆盖,管理出菇。②菇—菜棚架栽培选择生长期长、叶片浓密的长蔓型葡萄、丝瓜、黄瓜、四季豆、扁豆、豇豆等进行棚架栽培。棚架高 1.5～1.8 米,棚架下单畦种菇或塑料袋袋栽出菇。其他还有蔗田、葡萄、药材(天麻)、苹果、菜等与菇间套种多种方式种植。

(3)林地立体组合。平菇、草菇、木耳、桑田—食用菌、针叶树—茯苓、阔叶树—灵芝(木耳),庭院树下种平菇或吊栽木耳等。

2.品种选择

在高温季节选择高温型平菇侧五、宁杂 24、高温 831、凤尾菇等;在春秋季节选择中温型平菇佛罗里达、中蔬 10 号、杂平等。其他草菇、金针菇、木耳、香菇等不同类型食用菌也参加组合,搭配栽培。

3.栽培方式

一般多采用畦床栽培和塑料袋栽法。

4.科学管理

平菇露地种植包括了物种的多样性、空间结构利用的合理性(包括层次、密度)和各种措施的组合,如配置方式、品种选择、播种季节,必须加强技术指导和科学管理。在管理上的重点是:①子实体生长阶段以保湿为中心,兼顾温度和光照。保湿的主要措施是菇床要选择在土壤疏松、肥沃、排灌方便的场地,涝能排,旱能灌,畦沟能及时灌水,保持料面湿润;选择好种植方式和适宜播期,使粮菜枝叶繁茂,提供良好的遮阳条件;有薄膜、草帘等的遮阳并进行温湿度的调控。②做好灾害的防护工作:灾害主要是病虫害和暴雨、干旱。高温季节生产平菇主要是瘿蚊和菇蝇幼虫的寄生,俗称红菌蛆和白菌蛆。它们啃食菌丝,钻入菇体,影响产量和品质。如果发生,不能使用剧毒农药,可用 1∶1 500 倍菊乐合酯直接喷在袋口,也可用 1∶1 000 倍敌杀死等菊酯类药物。粮、菜、果需要治虫,应先把平菇摘光,然后喷药。绝对不能把乐果、甲胺磷等有害农药喷在菇体上,以保证食用菌的食用安全性。在子实体生长阶段,要注意对暴雨、干旱和鼠害的有效防护。

(四)覆土栽培技术

1.覆土栽培增产的原因

(1)菌丝伸入土壤吸收营养物质,特别是微量元素,调整了营养平衡,增加了同化作用。

(2)提供了菌丝生长的良好生态环境,如水(湿度)、温、气协调稳定。

(3)管理方便。

(4)减少了病虫害。

2.覆土栽培

常采用墙式与地下埋袋出菇。现将覆土栽培技术介绍如下。对土壤的要求：覆土的土壤要求疏松、肥沃、通气；土壤应没有病虫害感染。土壤处理可喷200倍的甲醛水杀菌，200倍的敌敌畏杀虫，2％的石灰水调高pH值，堆闷10天再用，可有效地防治杂菌。最简单的办法是暴晒消毒。如用菜园土应先过筛，筛出细粉及粉末，留用颗粒土。

3.墙式立体覆土栽培法

菌丝发育成熟，已有部分菌袋口上有小菇蕾出现，即可脱袋出菇。菌袋排列有单排式和双排式。单排式是脱袋后在棚内地面摆单层，上铺一层1～2厘米厚的泥状肥土，再摆层菌袋，再铺一层糊泥。一般摆6层高，上边糊泥，整行盖上地膜保湿。双排式菌墙排列是：在底层菌柱摆放时，将两个脱袋的菌柱分两行横向排列，菌柱行间相距20厘米左右，中间填肥土。如此摆高6层，每摆高一层，菌柱向里收缩一点，中间仍填肥土，最上层2行菌柱基本相连。顶部糊泥并在中间留有水槽，管理时可向水槽内浇水向下层菌柱与泥土中输送水分。最后盖上地膜保湿。当菌柱口出菇均匀时去掉地膜，正常管理即可。这种双排式适宜早春、晚秋、冬季出菇，夏季温度高，不可双排堆积。出菇的空气相对湿度宜保持在85％～90％，当菇盖直径长到3厘米以上时，也可向子实体喷水。

4.地下覆土出菇

先将畦土揭去一层，堆放在畦两边，建成畦宽110厘米，畦深30～40厘米，长度不限。脱袋后把菌柱竖立畦中，挤紧，菌柱空间填肥土，最上层的菌柱表面盖2厘米厚的颗粒状肥土，扒平，浇一遍重水。浇水后在菌柱间空隙处重新填入肥土，表面覆盖薄膜或草帘。以上墙式栽培和地下埋土栽培在覆土后，向水槽内或覆土层重灌

1次大水,以后经常保持覆土层的湿润,控制空气相对湿度在85％～95％,温度在10～25℃,适量通风,很快即可出菇。覆土栽培生物学效率可提高50％以上。

四、平菇的采收

平菇以鲜销为主,适时采收能保持色泽美观,鲜嫩可口,商品性好,经济价值高。一般来说,平菇在菌盖基本展开、边缘平伸稍内卷、菇柄处下凹、颜色由深逐渐变浅、孢子即将弹射之时应及时采收。采收过迟菇盖开裂,菇柄变硬,菇肉老化,鲜味减退,重量减轻,商品性差,且孢子大量弹射,污染环境,引起一些栽培者的过敏反应。采收方法是:一手按着培养料,一手握住菌柄轻轻旋扭提下。或以利刀从基部整丛割下。一潮菇采完后,应及时清理床面,将碎菇、死菇及残根杂质拣净。

五、平菇的保鲜与加工

平菇采收后,在常温下还能继续生长,老化变质,同时易霉烂和破碎。因此,要做到随采、随销或随加工,以保持其鲜嫩、美观和独特的风味。保鲜一般常用低温贮藏。用塑料袋包装,在4～5℃低温下可贮藏4天左右。一星期以上,颜色将会变黄,风味变劣。也可冷冻贮藏,先把鲜平菇用沸水或蒸汽处理4～8分钟,以抑制酶的活动,防止自溶,接着迅速于冷水或1％的柠檬酸溶液中冷却,然后沥去水分,用防水纸或塑料袋包装好,贮藏于0℃以下的冷库内待用。加工平菇大量采收后,要尽快加工,不得超过6小时,以免影响品质。平菇不宜制成干品,因干燥后肉质韧,鲜味大减。目前,平菇的加工多采用罐藏和盐渍两种形式。

六、平菇栽培中的问题及其对策

(一)发菌期的异常现象及其解决方法

1. 菌丝不萌发

主要原因有:菌种生产遇高温,菌丝生活力下降;在冰箱里母种保存时间过长又久不转管,转管后不做复壮处理,种性退化;栽培种存放时间过长,菌种老化。针对这一问题,主要是在选用菌种时应经严格选择,选择生长健壮浓密、长速快、菌龄适宜的纯菌种。一般栽培种长满后,贮存时间不要超过半个月,贮存过程中应尽量保持低温、通气条件。

2. 菌丝萎缩、消失

这种情况常是菌丝开始萌发良好,但时间一长菌块的菌丝逐渐萎缩,甚至消失。其因主要是栽培时气温偏高,播种后培养料发酵升温,料温长期在30℃以上;塑料薄膜封盖过严,通气不良;发酵的培养料产生的氨气、二氧化碳等有害气体聚集,氧气严重不足;培养料含水量过大造成窒息,菌块过大过厚造成透气性差;使用尿素过量,抑制了菌丝生长;培养料内配用农药过多或使用假冒农药;虫害侵入。解决的方法是:培养料配置时含水量一般应掌握在60%左右,如湿度过大、pH值过低及发生药害,应倒袋加入适当原料及石灰,重新接种装袋;打开袋口加快水分的散失或者用直径1厘米左右的小木棍,在已发好菌丝的部位扎洞,以增加通气量;如发酵料氨气过多,在倒出的培养料上喷洒适量的1%甲醛溶液,或直接翻堆令其挥发。

3. 菌丝生长旺盛,但菌丝吃透料后,仍迟迟不现蕾

主要原因是所用的菌种温型和栽培季节性不符;培养料氮素营养过剩、菌丝生长旺盛、料面板结形成菌膜等。解决的办法是:应根据出菇季节选择适宜菌种;科学配置培养料,碳、氮合理配比;料面

板结及时搔菌、打眼以利出菇。

4.发菌期出现黑黄、绿、红等杂色

这主要是毛霉、根霉、青霉、木霉污染。解决的办法是:创造一个洁净、卫生的环境,定期消毒,管理中合理调配温、湿、气的关系,使平菇生长健壮;也可用药剂局部封闭,对杂菌治早、治小,如大量发生,则必须剔除,脱袋后培养料重新熟料栽培,严重者深埋或带到远处焚烧。

(二)子实体发生的异常现象及解决办法

1.花菜型

子实体原基形成后,不能进一步分化,形成由大量原基密集组成的似花菜状子实体,直径由几厘米至 20 厘米,菌柄不分化,不形成菌盖。其原因是二氧化碳浓度过大,空气湿度过高(接近饱和湿度),应改善通风条件和降低空气湿度。

2.珊瑚型

子实体原基形成后,长出长而细的菌柄,菌柄长到一定程度后,不分化形成正常菌盖,而菌柄细长,分叉,参差不齐,菌盖很小,子实体形似珊瑚。原因是二氧化碳浓度过高,氧气不足,光照太弱。防治办法是加强通风,增强散射光。

3.杯状型

菇的菌盖边缘向上反卷,形成酒杯状菇。产生原因多为农药药害造成,防治办法是子实体生长期禁止使用敌敌畏等农药。

4.水肿状型

菇子实体突然变黄、发软,继而子实体基部变粗,且水肿发亮,盖小而软,继而枯萎腐烂成为死菇。这主要由于高温导致菌柄停止输送营养,使组织死亡。防治方法是清除死菇,及时通风降温,同时,要防止干热风直接大量吹入,达到降温的目的。

5.蓝色菇

菌盖边缘出现蓝色晕圈,严重时整个菇发蓝,蓝色一直不褪失。

其原因是菇房增温方法不对,如用柴火、煤火加温等使菇房内一氧化碳过多,造成了一氧化碳中毒。应开窗通风,加装排烟管,改善加热装置。

(三)孢子过敏反应及其防治

平菇成熟时散发出大量孢子,能使有些人发生过敏反应,如咳嗽、多痰、咽喉发痒。胸闷气喘、发低烧、乏力,甚至出斑疹。这种现象叫孢子过敏,医学上叫外因性肺泡炎。预防和治疗的主要措施为:①适时采收。当平朵菌盖基本展开,尚未弹射孢子前立即采收。②避免和平菇孢子多次接触,在采收平菇时打开门窗,加大通风量。在采收前室内用水喷雾,使孢子随水珠降落地面。采收时管理人员戴口罩。③药物治疗。若已发生孢子过敏反应时,可服用安乃近、APC、扑尔敏等药物进行治疗。

第八章 双孢蘑菇栽培技术

双孢蘑菇又叫白蘑菇、洋蘑菇等,属担子菌纲,伞菌目,伞菌科,蘑菇属。它是世界上栽培历史最悠久,栽培区域最广,总产量最多的食用菌。目前,世界上有 70 多个国家栽培,产量占食用菌总产量的 60% 以上。双孢蘑菇的肉质细嫩,味鲜美,蛋白质含量高,营养丰富。据测定每 100 克鲜菇中,含蛋白质 3.5 克,碳水化合物 7.3 克,脂肪 0.5 克,纤维素 1.1 克,灰分 1.2 克。在灰分中磷 150.8 毫克,钾 380.3 毫克,钙 13.7 毫克,铁 3.6 毫克。还含有多种微量元素和维生素。蛋白质中有 18 种氨基酸,包括人体必需的 8 种氨基酸,属高蛋白低脂肪食品,符合当今人们对饮食结构的要求。双孢蘑菇还有多种医疗和保健功能,蘑菇中的多糖体,能降血压和胆固醇,而所含的 β-葡聚糖和 $\beta-1,4-$葡聚糖苷酶对癌细胞和病毒都有明显的抑制作用。经常食用可提高人体免疫力,达到健身强体的目的。栽培双孢蘑菇的原料多是农、林副业的下脚料和畜禽粪类。原料丰富,取材方便,价格低廉。因此,栽培双孢蘑菇投资少,效益高,是发展农村副业、充分利用闲散劳动力、增加农民收入、发展农村经济的重要途径。

一、双孢蘑菇的生物学特征特性

双孢蘑菇生长发育周期中有两种形态变化,即菌丝体和子实体。两个生长阶段要求的环境条件又有一定差异。

(一)形态特征

包括菌丝体形态和子实体形态以及双孢蘑菇整个发育过程中形态的变化规律。

1.菌丝体

白色丝状,有横隔,多细胞,多分枝,无锁状联合。在显微镜下观察,菌丝为筒状,直径1～10厘米。菌丝体是双孢蘑菇的营养器官,主要功能是吸收营养物质。菌丝体在适宜条件下,可发育成子实体。

2.子实体

子实体单生、丛生或群生。每个子实体由菌盖、菌褶、菌柄、菌环及菌索组成。

(1)菌盖。白色,表面光滑,初期呈球形,随子实体生长逐渐展开呈伞形。

(2)菌褶。菌褶在菌盖下面,子实体幼嫩时被一层薄膜包着,子实体成熟时菌膜破裂,菌伞展开,菌褶露出。菌褶离生,呈辐射状,有长有短,交错排列。菌褶初期为白色或粉红色,后变为咖啡色。

(3)菌柄。菌柄生在菌盖中央,幼龄时白色短而粗,中实,质脆嫩,后逐渐伸长至5～12厘米,中间稍空。

(4)菌环。幼嫩子实体菌柄与菌盖被菌膜包围,柄与菌盖紧密结合,随子实体生长菌膜破裂,菌伞展开。一部分菌膜留在菌柄上形成菌环,另一部分附在菌盖边沿成为菌幕。菌环膜质,白色,生在菌柄中部。

(5)担子和担孢子。担子生在菌褶子实层上,单细胞,形似棒状。每个担子上有两个担子柄,其上产生两个担孢子,故而得名双孢蘑菇。担孢子椭圆形,大小6.0～8.8微米,初为白色,后变为深褐色或紫色。一般情况下,每个担子上有两个担孢子,但少数也有产生3～4个或多个。双孢蘑菇形态:①钉头菇;②纽扣菇;③菌盖内卷;④菌幕将破;⑤开伞;⑥担子及担孢子。

3.双孢蘑菇的生活史

双孢蘑菇属次级同宗结合菌类,其生活史比较特殊。因为每个担孢子内部含有两个(+-)不同交配型核,叫雌雄同孢。担孢子萌发后形成的是多核异核菌丝体,而不是单核菌丝体。这种异核菌丝体不需进行交配便可发育成子实体,子实体菌褶顶端细胞逐渐长成棒状的担子,担子中的两个核发生融合进行质配,进而核配形成双倍体细胞,随后进行1次减数分裂和1次普通有丝分裂,产生4个核,4个核两两配对,分别移入担子柄上,便可形成两个异核担孢子。至此,完成了双孢蘑菇的生活周期。因为双孢蘑菇产生的孢子中,除多数是含有(+-)两个异核孢子外,还产生同核(++或--)孢子,同时也产生单核(+或-)孢子。不同的孢子萌发后,形成双孢蘑菇生活史中的不同分枝。同核孢子和单核孢子萌发后都形成同核菌丝体,不同性别的同核菌丝体经质配形成异核菌丝体,异核菌丝体在适宜条件下形成子实体,子实体成熟后又产生不同类型孢子。

(二)生长发育生活条件

双孢蘑菇的生活条件包括营养条件和环境因素两方面,而蘑菇的不同发育阶段所要求的生活条件又有所差异。

1.营养

营养是蘑菇生长的物质基础,只有在丰富而合理的营养条件下,蘑菇才能优质高产。双孢蘑菇营养中主要有碳源、氮源,无机盐类和维生素类物质。双孢蘑菇能利用的碳源很广,各种单糖、双糖、纤维素、半纤维素、果胶质和木质素等。单糖类可直接被菌丝吸收利用,复杂的多糖类需经微生物发酵,分解为简单糖类才能被吸收。双孢蘑菇可利用有机态氮(氨基酸、蛋白胨等)和铵态氮,而不能利用硝态氮。复杂的蛋白质也不能直接吸收,必须转化为简单有机氮化物后,才可作为氮源利用。双孢蘑菇生长不但要求丰富的碳源和氮源,而且要求两者的配合比例恰当,即有适宜的碳、氮比(C/N)。

实践证明,子实体分化和生长适宜的碳、氮比[C/N 为(30~33): 1],因此,堆肥最初的碳氮比要按(30~33):1 进行堆制,经堆制发酵后由于有机碳化物分解放出 CO_2,使 C/N 下降。发酵好的培养料正适于蘑菇生长的要求。双孢蘑菇所需的无机盐营养种类很多,其中,有大量元素磷、钾、钙、镁、铁,也有微量元素铜、锌、钼、硼、钴等。除以上主要营养成分外,菌丝生长和子实体形成还需生长素类物质,如维生素、刺激素等。试验证明,维生素 B_1,萘乙酸,三十烷醇都有刺激菌丝生长和子实体形成作用。微量元素和生长素类物质,虽是蘑菇生长不可缺的物质,但因需要量极少,在培养料主辅料中的含量即可满足需要,不必另外添加。在双孢蘑菇栽培中,常以作物秸秆、壳皮、畜禽粪等富含纤维素质为碳源,由麸皮、米糠、玉米粉和饼粉、尿素等提供氮源,添加的石膏、碳酸钙、磷肥等以满足各种无机盐营养。

2. 环境条件

影响蘑菇生长的环境条件主要是温度、水分、通气、光线和 pH 值。

(1)温度。温度是最活跃的影响因素,但蘑菇不同品种和菌株,不同发育阶段要求的最适温度范围有很大差异。一般而论,菌丝生长阶段要求温度偏高,菌丝生长的温度范围 6~34℃,最适生长温度 24~26℃。因品种类型不同,最适温度有所不同。温度偏高,菌丝生长快,但菌丝稀疏、细弱,易早衰。在培养菌种过程中,若温度过高,出现菌丝吐黄水现象。但温度也不能太低,低于 3℃菌丝便不能生长,10℃左右菌丝生长缓慢,生长周期长,菌龄不一致。只有在最适温度范围内,菌丝长速适中、健壮、生活力强。子实体发生和生长的温度范围 6~24℃,以 13~16℃最适宜(温型不同有一定差异)。温度高于 18℃子实体生长快、出菇密,但朵型小,组织松软,柄细而长,易开伞。温度低于 12℃,子实体生长慢、出菇少、个体大、质量好,但产量低。温度低于 5℃子实体便不能形成。担孢子萌发温度 18~27℃,以 20~24℃最适宜。

（2）水分和湿度。水分指培养料的含水量和覆土中的含水量，而湿度是指空气中的相对湿度。培养料的含水量以 60％～65％ 为宜，若低于 50％，菌丝常因水分供应不足而生长缓慢，菌丝稀疏、纤细。子实体也因得不到足够水分而形成困难。若培养料含水量过大，导致通气不良，菌丝体和子实体均不能正常生长，并易感染病虫害。菌丝生长阶段要求环境空气适当干燥，空气湿度 75％ 左右。超过 80％，易感染杂菌。子实体发生和生长要求适宜湿度 80％～90％。湿度长期超过 95％ 可引起菌盖上积水，易发生斑点病。若湿度低于 70％，菌盖上会产生鳞片状翻起，菌柄细长而中空。低于 50％ 停止出菇，原有幼菇也会因干燥而枯死。

（3）通气。双孢蘑菇是好气性菌，在生长发育各个阶段都要通气良好。对空气中二氧化碳浓度特别敏感。菌丝生长期适宜的二氧化碳浓度为 0.1％～0.3％；菌蕾形成和子实体生长期，二氧化碳浓度 0.06％～0.2％。当二氧化碳浓度超过 0.4％ 时，子实体不能正常生长，菌盖小，菌柄长，易开伞。二氧化碳浓度达 0.5％ 时，出菇停止。因此，在双孢蘑菇栽培过程中，一定要保证菇房空气流通而清新。

（4）光线。双孢蘑菇与其他菇类不同，它整个生活周期都不需要光线。在黑暗的条件下，菌丝生长健壮浓密，子实体朵大，洁白，肉肥嫩，菇形美观。而在有光条件下，尤其强光下，菌丝易发黄，早衰，子实体朵小，盖畸形，表面硬化颜色黄。

（5）酸碱度（pH 值）。菌丝在 pH 值 5～8 范围内均能生长，而以 pH 值 6.8～7.0 最适宜。由于蘑菇菌丝在代谢过程中，产生的有机酸类在培养料内累积，导致培养料 pH 值逐渐下降，使环境变酸，易招致嗜酸性病原微生物为害。因此，堆制好的培养料 pH 值应在 7.5 左右，而覆土的 pH 值调至 7.5～8.0 为宜。子实体生长 pH 值范围为 6～8，最适宜 pH 值为 6.5～6.8。

二、双孢蘑菇的栽培技术

双孢蘑菇栽培历史悠久,栽培技术成熟,但栽培环节比较多,包括优良菌种选择、栽培季节安排、培养料的堆制、菇房建造、播种与发菌管理、覆土及管理、出菇管理等十多个环节。环环相扣,每个环节都要认真对待,若某个环节失误或操作不当,轻则减产,效益低,重则前功尽弃。

(一)双孢蘑菇常用优良品种特性简介

优良品种是栽培成功的先决条件。当前生产上使用的优良品种,多数是我国科技工作者采用杂交、野生菇驯化等手段选育出来的。双孢蘑菇菌种根据菌丝生长形态分为气生型、半气生型和匍匐型;按菇体大小可分为大粒型、小粒型和中间型;按子实体发生温度又可分为高温型、中温型和低温型。

(二)栽培季节

依靠自然温度栽培双孢蘑菇,选择最佳播种期是保证栽培成功和获得高效益的关键。最佳播种期应根据当地气候特点因地制宜。一般情况下,当气温稳定在24℃时,即可播种。华北地区8月中旬开始播种到9月中旬结束;中原黄淮地区9月初至9月底;长江中下游、江浙地区9月初至9月底。

(三)菇房建造与菇房消毒

菇房的形式多种多样,有砖瓦结构或混凝土结构专用菇房、塑料大棚、中、小型塑料棚、半地下式菇房、窑洞和人防工程。及近年来山东、河南、河北等省大面积推广的冬暖式大棚等。无论哪种形式菇房,都要具备蘑菇生长的条件,即保温保湿性好、空气流通、无直射光、远离畜禽舍及饲料仓库;周围环境卫生,距水源近,排水畅通,交通方便。一般菇房面积以100～200平方米为宜。菇房太大,中间通风不良,管理不便;面积过小,利用率低,不经济。

第八章 双孢蘑菇栽培技术

1. 常见的几种菇房

主要介绍使用比较多的几种形式。

(1)塑料大棚菇房。菇棚长12米,宽7~8米,总面积80~100平方米。内设3条走道,两排床架,床面宽1.6米,中间走道1米,两边走道各0.7米。床架可分5层,层距0.6~0.7米。菇棚中间高度3.7米,周边高3.1米。棚两端各开1门,设5个通风窗,通风窗排列是上3个,下2个。通风窗均设在门上和走道上。通风窗大小为0.5米×0.5米。大棚可用竹子搭建,也可用角铁、水泥柱等。

(2)床畦塑料大棚。选地势较高田地或空闲地建棚。每棚设3个床畦,中间畦宽150厘米,两边畦宽各90厘米,长度依需要而定。床畦之间设走道,走道宽50厘米,深30厘米,从走道中挖出的土垒在床畦周围。棚中间高115厘米,两边高50厘米,棚顶用竹子或其他材料搭建成拱形,上盖薄膜和草帘。也可以建成小畦的菇棚,即中间设走道,两边为床畦。

(3)砖瓦菇房。用砖瓦混凝土建成的专用菇房。也可由旧房改造而成。或用土坯和稻麦草搭建。菇房长10米左右,高5~6米,坐北向南,门设在南面,南北两面均设上下通风窗,窗大小0.4~0.5米。上下窗相对,地窗距地面0.16~0.2米,上窗稍低于屋檐。天窗设在屋脊,高1.3~1.6米,直径0.3~0.4米,风帽距筒口0.15厘米。

(4)地床菇房。是近几年北方诸省创造的半地下式菇房或塑料棚。结构简单,造价低,保温保湿性好。菇房以南北走向为好。一般建在田边或其他空旷地方。首先建菇床,将选好的地块深翻后,用水浇透,稍干后将上部土挖出翻在两边建成土墙,墙高0.5米,宽0.4米,长20~25米。若设两个床畦,棚宽2.4米,即菇床中间走道0.4米,两边床畦各1米;若设3个床畦,菇棚宽4.5~5米,中间床畦1.7米,两边各1米,走道0.5米。走道挖深0.15~0.2米,以人操作不碰顶为宜。走道中挖出的土覆在床畦上,墙上设上、下两排通气孔。

（5）窑洞或人防工程菇房。利用这些地方作菇房可充分利用现有设施,减少投资,降低成本,菇房保温保湿性好,缺点是通风条件差,必须增加通气设施,改善通气状况。

（6）冬暖式大棚。菇棚东西长度 45 米左右,跨度 7 米,北墙高 2.1 米,南墙高 0.8 米,东西两山墙顶呈斜面与南北墙相连。墙厚 0.8～1 米,北墙每隔 5 米设上、下通风孔各一个,南墙每隔 5 米设通风孔一个,东西墙对开 4 个通风孔,有门的一边开一个,无门的一边开两个,通风孔直径 0.3～0.4 米,通风孔应有塞子。棚顶覆盖有薄膜,薄膜上加盖草帘或麦秸。

2. 菇房消毒

菇房消毒杀灭房内的病虫害,为蘑菇生长创造干净卫生的环境。消毒分 2 次进行,即进料前和进料后各消毒 1 次。进料前菇房消毒是在培养料最后 1 次翻堆时进行。消毒前房内先打扫干净,墙壁和地面喷刷石灰水,菇房所有的东西都要洗刷净、晒干。消毒方法以熏蒸消毒效果最好。按每平方米用甲醛 10～20 克、敌敌畏 5 克或每平方米用硫磺 10 克,燃烧熏蒸。或每平方米用甲醛 10 毫升加高锰酸钾 5 克进行气化消毒。施药后密闭菇房 24 小时,然后开窗排气,待无刺激味时,便可进料。进料后消毒:培养料进入菇房后,堆积在菇床上,以进料前的消毒方法再消毒 1 次。若培养料进行后发酵时,进料后不再进行消毒,后发酵本身就是巴斯消毒。

（四）培养料的选择及其特性

双孢蘑菇属粪草生菌类,适于生长在腐熟的秸秆、枯枝败叶和畜禽粪上,而这些原料的性状、结构及营养直接影响蘑菇菌丝体生长和子实体产量。因此,选择的培养料应富含蘑菇所需的各种营养,并且保湿性和通气性良好。

1. 秸秆类

秸秆类是蘑菇培养料中的主要原料,占总培养料的 40%～70%。这些原料质地疏松,通气性好,保水性强。主要的秸秆类有麦秸、稻草、玉米芯、玉米秆、花生蔓和花生壳、豆秸等。它们的主要成分是纤维素、半纤维素、果胶质和木质素,为蘑菇提供丰富的碳源。

2. 粪肥类

包括牲畜粪和家禽粪。它们含有机碳和有机氮都很丰富,含有较多的磷、钾等矿质元素,能满足发酵微生物各种营养,培养料中加入粪类后,发酵时起热快,发热力强,能迅速提高堆肥温度加速培养料腐熟。

3. 化肥类

适当添加一些化肥可以补充培养料的氮源、磷及各种无机盐营养;调节堆肥中的 pH 值;改善培养料的理化性质。常用的化肥有尿素、硫酸铵、过磷酸钙、碳酸钙、石膏等。

4. 培养料的碳、氮比(C/N)

培养料的堆制发酵主要靠微生物作用,而微生物生长繁殖除要求丰富的营养和适宜的环境条件外,还要求碳、氮营养有恰当比例。实践证明,培养料堆制时的 C/N 以(33～34)∶1 为宜,在堆制发酵过程中,随着有机碳化物分解 C/N 下降,发酵结束后 C/N 降至(17～18)∶1,恰适于蘑菇生长要求。

(五)培养料配方及其堆制

双孢蘑菇培养料的配方很多,各地应根据当地资源选择适宜配方,现推荐几个配方供参照选择。①麦秸 1 200 千克,干牛马粪 1 200 千克,尿素 15 千克,碳酸氢铵 10 千克,过磷酸钙 30 千克,石灰粉 15～30 千克。②干麦草 1 500 千克,干猪粪 1 500 千克,石膏粉 50 千克,过磷酸钙 25 千克,生石灰 40 千克。③稻草(干麦草)2 500 千克,饼肥 100 千克(或干鸡粪 300 千克),石膏粉或碳酸钙 50 千克,尿素 20 千克,碳酸氢铵 20 千克,过磷酸钙 25 千克,生石灰 30～50 千克。④干麦草 2 500 千克,干牛粪 1 200 千克(或饼肥 100 千克),尿素 30 千克,碳铵 20 千克,石膏粉 50 千克,生石灰 30～50 千

克。⑤麦秸 1 200 千克,干牛马粪 400 千克,饼肥 40 千克,尿素 15
千克,碳酸氢铵 20 千克,过磷酸钙 25 千克,碳酸钙 30 千克,石灰粉
15～30 千克。⑥麦秸(或玉米秸)2 500 千克,饼肥 100 千克,硝酸
铵 40 千克,尿素 20 千克,过磷酸钙 50 千克,石膏 50 千克,石灰 50
千克。⑦麦秸 1 550 千克,饼肥 115 千克,尿素 17 千克,过磷酸钙
50 千克,碳酸钙 15 千克,石膏粉 15 千克,石灰 15 千克以上配方碳
氮比为(28～32)：1,pH 值调至 7.5～8.0。

(六)培养料的堆制

发酵技术培养料经堆制发酵后,改变了原材料的理化性质,使
之更适于蘑菇生长;同时原料中的一些营养成分经微生物分解转化
后,由不能吸收利用状态转变为可直接吸收利用状态;经发酵的培
养料其碳、氮比达到蘑菇生长适宜的范围;培养料经发酵后保水性
和通气性都显著增加,pH 值达到 6.8～7.0。这样的培养料为蘑菇
的生长提供了优质的生活条件。培养料的堆积发酵,分一次发酵法
和二次发酵法两种,具体发酵过程分述如下。

1. 培养料一次发酵法

(1)材料预处理。选新鲜无霉变的麦草或稻草等,切成 15～20
厘米或 18～30 厘米长。用 2% 石灰水浸 1～2 天,捞起沥至不滴水,
堆积起来。牲畜粪类捣碎晒干,加水略调湿,堆积后上盖薄膜,预处
理 2～3 天。预处理的作用是软化秸秆,脱去表层蜡质,增进微生物
繁殖。

(2)堆制。选地势较高,排水畅通地方作堆制场所。地面撒上
石灰粉,铺一层玉米秆,以利透气。在玉米秆上先铺一层预湿的稻
草(麦草等)厚 15～20 厘米,宽 1.5～1.6 米,长度不限。接着在草
料上撒一层牲畜粪,厚度约 5 厘米,依此一层草一层粪往上堆积,堆
至高 1.4～1.5 米即可。在堆积过程中,从堆第三层开始喷水调湿,
用水量根据情况而定。一般中层喷水少,越往上层越多,堆后有少
量水溢出为度。堆形四面垂直,大小适中,松紧适宜,堆顶呈龟背

形。上用湿稻草或薄膜覆盖。薄膜 3 天后揭掉以免造成厌氧发酵。

(3)翻堆。翻堆目的是调节堆内水分和通气状况,促进微生物活动,加速物质分解和转化。方法是将堆扒开,料拌松,上下、内外混合均匀,重新建堆。翻堆时间依实际情况而定,原则是当堆温上升至最高峰不再继续上升,或开始下降时即为翻堆适宜时间。正常情况下,建堆第二天堆温开始上升,6~8 天达到高峰(70~75℃),维持 1~2 天后下降。此时进行第 1 次翻堆。在第 1 次翻堆时加入硫酸铵和碳酸钙,并要看水分情况喷水调湿。如果建堆后温度迟迟升不到 60℃以上或上升后很快降下来,需及时翻堆查找原因。第 1 次翻堆后,堆温又很快上升,经 5~6 天达到最高峰,当温度下降时进行第 2 次翻堆。翻堆时加入硝酸铵、过磷酸钙。翻堆后经 4~5 天,进行第 3 次翻堆,并加入石膏。3~4 天翻第 4 次堆,同时,加入石灰调 pH 值。翻堆进行 4 次,时间 25~30 天。

2. 培养料二次发酵法

二次发酵分前发酵和后发酵两个阶段。经二次发酵的培养料营养成分和理化性状得到更进一步改善,病虫害彻底被杀灭,更适于蘑菇生长,可提高蘑菇产量 30%~40%,甚至更高。因此,培养料的二次发酵是提高蘑菇产量的重要措施,有条件地方尽可能采用二次发酵技术。

(1)材料预处理。秸秆用石灰水浸泡沥干后,撒上饼肥堆积 2 天。

(2)建堆。地面铺上玉米秆,其上铺预堆过的秸秆 15~20 厘米,宽 1.5~1.6 米,秸秆上撒一层尿素,如此层层往上堆至 1.4~1.5 米为止。从堆第 3 层开始酌情喷石灰水调湿。堆顶呈龟背形。

(3)翻堆。建堆后 5~6 天,当堆温升至 65~70℃时进行第 1 次翻堆。翻堆时加入氮素肥料和过磷酸钙。重新建堆后 3~4 天。堆温升至高峰时进行第 2 次翻堆。翻堆后 2~3 天,当堆温再次升至高峰时,进行第 3 次翻堆,维持 2~3 天前发酵阶段即告结束。前发酵阶段总时间需 12~15 天。

(4)后发酵(二次发酵)。后发酵是前发酵的继续,一般在菇房内进行。将前发酵培养料趁热移入菇房,堆积在床架上,关闭门窗,通入热蒸汽或用其他方法加热,在 2 小时内使菇房温度升至 60~62℃,维持 3~5 小时,然后将温度逐渐降至 50~52℃,维持 4~5天,即后发酵完成。发酵好的优质培养料质量标准:培养料颜色:由青黄色或金黄色变为棕褐色;培养料体积:只有实建堆时的 60%左右;麦秸硬度:麦秸由硬变软,原形还在,柔软,有一定长度和弹性,用手轻拉会断,但不是烂成碎段;培养料含水量:为 60%~65%,手握一把料,指缝间有水溢出,而不滴下或滴一一滴为好;料酸碱度:pH值为 7~7.5;一有、一少、四无:一有是培养料有蘑菇特有的料香,一少是病菌少,四无是无粪块、无粪臭、无酸味、无氨味。

(七)播种

待发酵料温度降至 30℃以下,大自然气温稳定在 24℃左右开始播种。

1.挑选菌种

播种前要严格挑选好菌种,挑选菌丝生长健壮、浓密、颜色洁白、无病虫害的适龄菌种。对于菌丝生长稀疏、色暗淡、菌丝柱中间有断裂痕、菌丝柱收缩的菌种,吐黄水菌种,污染菌种,及其他可疑菌种都坚决不用。菌种挑选好后,用酒精棉球或 0.1%高锰酸钾液消毒瓶口和瓶壁,去掉封口,挖除上部老菌皮,将菌种挖至消过毒的容器内备用。菌种类型有麦粒种、草粪种、棉壳种和颗粒状肥菌种,根据各自的条件和习惯选用。

2.播种方法

播种方法很多,但当前生产上常采用的有穴播、穴播加撒播、混播加撒播等。①穴播法:将料均匀铺在菌床上,厚度 15~20 厘米,整平稍拍实。按 10 厘米×10 厘米或 7 厘米×7 厘米穴距挖穴播种。穴深 3~4 厘米,每穴放入核桃大一块菌种,随即用手按压培养料,使菌种与培养料紧密接触。但菌种不能全埋在料内,应稍露出料面,有利于菌丝的萌发和生长。每平方米用菌种 2～3 瓶。穴播适于用草粪种或棉壳菌种。②穴播加撒播:先按 10 厘米×10 厘米穴距进行穴播约用去菌种的 2/3,将其余菌种均匀撒在料面上,稍拍实,菌种上面盖薄薄一层发酵料,使菌种似露非露。每平方米用草粪菌种或棉籽壳菌种 2～3 瓶或麦粒种 1～2 瓶。③混播加撒播:先将培养料的 2/3 均匀铺在菌床上,其余的料与 2/3 的菌种混匀也铺在菌床上,剩下的菌种撒在料表面,稍拍实后盖一薄层发酵料。每平方米用麦粒种 1～1.5 瓶。

(八)发菌管理

发菌管理是指从播种到覆土前这一段的管理。目的是为菌丝生长创造适宜条件,促进菌座尽快萌发定植和迅速占领料面,严防杂菌污染。管理的主要任务是调节温度、湿度和通气,使之适合菌丝生长要求。

1.密切注意菇房温度变化

将菇房温度控制在 24～26℃。若料温高于 25℃,要及时通风降温。气温高时早、晚通风降温,温度低于 22℃时,通风安排在中午前后。

2.湿度管理

菇房空气湿度保持在 75% 左右。若气候干燥,料偏干时,可用浸过 1%～2% 石灰水的湿稻草覆盖在料面上,待菌丝占领料面后,立即去掉。一般播种后菌床上不喷水,只有当培养料过分干燥时,可稍喷雾 3% 澄清的石灰水。平时只在地面和空间喷雾保持空气湿度。

3.通气管理

通气管理应和温度、湿度管理结合进行。一般播种后 3 天内以保湿为主,不开门窗通气或仅开背风少部分通气窗小通风。当菌丝向四周蔓延时,可逐渐加大通风量。阴雨天通气窗要昼夜开启。大风天气只开背风窗。气温高时,早、晚通气。通气量加大,气温低时少通气,通气量酌情减少。

4. **严防杂菌感染和病虫害**

播种后到菌丝长满料面前最易感染杂菌,同时虫害也乘虚而入。预防的方法是恰当调节温、湿度和通气,避免菇房高温和闷热,菇房门窗和菇床旁悬挂敌敌畏棉球阻止蚊蝇进入,定期喷药预防。如每5~7天轮换喷辛硫磷1000倍稀释液或2000倍联苯菊酯,0.5%~1%敌敌畏,0.2%多菌灵。若发现菌床上有杂菌或虫害时,立即进行防治,防治方法参考本书第六章。

5. **撬菌**

发菌10天以后,若发现菌丝生长缓慢,可进行撬菌。方法是用两齿杈子插入料底,斜向后稍稍扳动,使料微撬起。这样可改善料内通气状况,增加氧气,排除废气,加速菌丝生长。

(九)覆土材料选择及覆土技术

双孢蘑菇有不覆土不出菇的特性,因此,覆土是双孢蘑菇栽培的重要环节,也是影响产量和质量的主要因素。

1. **覆土的作用**

覆土后可改变料层中二氧化碳与氧的比例,增加二氧化碳浓度,有利于菌丝及时扭结成子实体原基;保持和调节培养料内水分状况,提供蘑菇生长必需的水分;土壤有许多有益微生物,如臭味假单孢菌等,能分泌刺激子实体形成物质;覆土对菌丝体和子实体有保护和支撑作用。因为覆土后能缓和培养料内温、湿度的急剧变化,保护菌丝和子实体,不受伤害并能支撑子实体生长。

2. **覆土材料的选择要求**

覆土材料持水性强,透气性好,不易板结和漏水。常用的有泥炭土、塘泥或河泥土、稻田土、菜园和果园土等。近年来用改良土、谷壳土、棉壳土、混合土效果更为理想。改良土:先在田边或地头挖深0.5~0.7米发酵池,将覆土材料倒入发酵池内,铺30厘米厚,加入10%牲畜粪(按用土量计算),再加入石灰调pH值7~7.5。放水淹没土壤 15 厘米深,经 10～15 天发酵,当发酵池内有气泡上升到表面时,将水放掉,晾晒干后便可作覆土用。谷壳土和棉壳土:将塘、河泥或一般稻田、麦田土,加入 10%谷壳(或棉壳、短稻麦草)拌匀后作覆土。混合土:用 30%塘泥土加 20%石灰石粉末,再加入50%普通稻麦田土混合拌匀或 50%炉渣灰加 50%土混匀。以上覆土材料均调 pH 值 7～8.3。覆土材料的处理:覆土材料挖出后,先置阳光下暴晒,然后再进行杀虫和灭菌处理。

3.杀虫和灭菌

用 10%甲醛和 1%敌敌畏喷洒,每 1 000 千克土用药 0.2～0.4千克,喷药后堆积起来,用薄膜覆盖闷杀 24 小时,然后加入 1%～2%石灰调 pH 值 7.5～8.0,摊开排除药味后备用。

4.覆土时间

何时覆土,依菌丝生长情况而定。一般播种后 15～20 天,当菌丝长至料层 2/3 时或菌丝长到料底时进行覆土。

5.覆土方法

覆土方法有一次覆土法和两次覆土法。一次覆土法是将粗土和细土混合起来均匀覆在料面上,覆土厚度 3～5 厘米。两次覆土法是先覆粗土(土粒直径 1～2 厘米)3 厘米厚,待菌丝爬上粗土粒后,再覆细土(直径 0.5 厘米)1～2 厘米厚。所有的覆土在使用前都要用 3%～5%澄清石灰水调湿,使含水量达 15%～20%。

6.覆土后的管理

覆土后到菇蕾形成 12～20 天,这一段仍属菌丝生长管理,而主要的管理工作是调水、控温和通风。①调水:蘑菇生长所需水主要靠覆土提供,因此,覆土调水极为重要。覆土后通风 1 天,第 2 或第3 天开始调节水。调水要少量多次,在 3～4 天内完成,每天喷雾水7～8 次。喷水量的原则是两头少中间多。即开始调水时,用水量较少,每次每平方米约 1.8 千克(调水都用澄清石灰水);中间两天用水量最大,每平方米用水约 4.5 千克;最后 1 天视土壤含水量而定,仍需少量轻喷。最终将土壤含水量调至最适宜程度。绝对不能使水流入料内。调水还要根据温度、土层厚度和覆土质地灵活掌握。覆土后若遇 28℃ 以上高温,可暂不调水,待温度降至 25℃ 以下时再调水。覆土调足水后,一般不再向菇床喷水,只向地面和空间喷雾调节空气湿度。②通风:调水和空气中喷水都要与通风紧密结合。在调水和喷水时应加大通风量,调水后适当减少通风量。③喷结菇水:喷结菇水时间根据菌丝生长情况恰当掌握。当扒开土粒 0.5～1 厘米处的菌丝前端呈扇形辐射状生长,或菌丝呈绒状横向生长时为喷结菇水的适宜期。结菇水在 1 天内要轻喷 7～8 次完成。用水量是平时菇房喷水的 2～3 倍。因结菇水的喷水量和喷水时间不易掌握,经验不足者慎用。一般情况下,覆土调水后到菇蕾发生,不再向菌床喷水,只喷空气水。

(十)出菇管理

子实体原基形成后标志着菌丝体生长转入子实体生长。子实体生长的适宜条件是温度 13～16℃,空气湿度 85%～90%,通气良好且通气量加大。因此,出菇阶段的管理仍然是协调温、湿、气三者之间的关系,使之达到适于子实体生长的最佳配合状态。

1. 温度的调控

子实体生长期间菇房温度控制在 13～16℃。因温度超过 20℃,菌柄生长细长,菌肉薄而疏松,易开伞。温度低于 13℃,生长缓慢,生长周期长,质量虽好但产量不高,温度低于 5℃,出菇停止。控制温度变化的主要措施是靠通风进行调节。

2. 通气管理

菇房通风换气与温度和湿度变化结合进行。当温度超过 18℃。通风在早、晚进行,通风量适当加大;若空气干燥,可在门上和通风口处挂湿草帘,既能通气又可保湿;温度低于 12℃,白天中午前后将门窗全部打开,借通气提高菇房温度。一般低温情况下,通气在中午前后进行,通风量适当减少。

3. 水分的调节

原基和菇蕾形成时,菇床上不喷水,只要覆土调水足便可满足需要。当土层中幼蕾长至绿豆至黄豆大时,要重喷1次出菇水。喷水原则是重水轻喷,即在2～3天内,每天喷雾数次完成,调至细土表面发亮柔软,能捏扁搓圆。水不能流到料层内,否则会使料变黑,也不能使料层与土层间有干燥夹层。喷足出菇水后,平时菌床上不再喷水,只在空间喷水保湿。平时只喷水调空气湿度。当进入采菇高峰后,停止空气喷水,使菇房逐渐干燥,直到采菇结束。调水也要视温度变化而定,若高温进行喷水,小菇蕾突遭冷水刺激导致子实体干瘪、僵黄;但有冷空气影响时,虽然菇房空气已转凉,而料层温度仍高,若此时向菇床喷水,会造成幼菇全部死亡。总之,当气温突变时,应停止菌床上喷水,待温度稳定时再喷水调湿。急剧的喷水还会引起菌柄和土层交界处产生皱纹,菌柄表层与菌肉分开。菇房喷水调湿时,喷头要斜向上,使雾点自然下落,不可喷头直冲菌床。

4.病虫害防治

在蘑菇的整个栽培过程中,病虫防治要贯彻始终。做到菇房和周围干净卫生,杜绝传播途径,定期喷药防治,尤其要注意秋季菌蝇和菌蚊防治。出菇管理工作要求认真细致,要根据天气变化、菇房结构、覆土情况、蘑菇生长情况而灵活掌握,不能死搬条文,也不可盲目借用他人经验,要在实践中认真观察,积累自己的经验。所以,种菇主要靠实践经验。

5.采菇后的管理

双孢蘑菇的一个栽培周期可采收3～4茬菇。每茬菇采收后要及时将留在菌床上的菌柄、老菇根、死菇等清理干净,坑凹和土层薄的地方用细土补平。所用的细土应事先用3‰～5‰石灰水预湿。补土以后4～5天,菇蕾形成后再喷重水(出菇水)调湿,方法与第一茬一样。然后管理出第二茬菇。即一茬菇一次重水,以后菌床不喷水,只喷空气水调湿。

(十一)双孢蘑菇的越冬管理

北方诸省冬季气候寒冷,室内温度常在5℃或0℃以下,菌丝进入休眠状态,为保证翌年春天继续出好菇,应按菌丝生长情况,分类进行越冬管理。

1.菌丝生长良好类型的管理

秋菇收完后,料层菌丝和土层中菌丝均长势良好,菌丝洁白,无病虫害。应采取以下管理措施:①清理干净,菌床挖除死菇、老菇根、老菌丝束和块状菌皮,补上细土平整好菌床。②打洞撬菌,用两齿杈或铁棍插入料底,斜向上撬动料层,排除不良气体,增加氧气。③加强通风换气,菌床越冬分干越冬和湿越冬。干越冬即冬季停止喷水,并加强通气使菌床上培养料和覆土干燥,菌丝处于休眠。湿越冬即每7~10天向菌床上喷水补湿,每平方米用水约0.5千克。喷水的同时,适当通气。

2.菌丝生长中等类型

菌丝略有发黄,稍有病虫害,除按第一种类型管理外,还要将覆土扒在一边或只将细土拨在一边,撒一层发酵的新培养料,从菌丝生长良好的料层底部挖一些菌丝播种在新培养料上,拍平后再把覆土回覆到床面上。每7~10天向菌床喷雾水1次,用水量约0.5千克。这样菌丝在冬季能缓慢生长,为来年春季出菇打下基础。

3.菌丝生长差的类型

土层中的菌丝细弱,色暗淡,生活力差。料层有2~3厘米变黑,甚至有大量黄曲霉等。这类菌丝主要越冬管理工作有:①将床面上的覆土取下,剥去发黑料层,挖掉有霉菌的斑块,将料层翻转,使底部翻上面,再将覆土回覆上面。②每7~10天向菌床喷澄清石灰水1次,既有利菌丝缓慢生长,又能抑制杂菌发生。③结合喷水喷施营养液。④切实做好病虫害防治工作。

(十二)春菇的管理

习惯将元旦前出的菇叫秋菇,而元旦后的菇叫春菇。春季气温逐渐回升但时冷时热,培养料和覆土层经越冬后含水量很少,因此,春菇管理的重点是保证水分,控制高温,严防病虫害。

1.根据菌丝生长情况分别进行水分管理

(1)菌丝生长良好的菇房如果采取的是干越冬,由于料层和覆土都很干燥,要使其吸足水分。用5%澄清石灰水泼在菌床上,要从上层床开始逐层往下泼水。水量能使料层和土层水滴下来。浇的水绝大部分会流掉,少部分留在菌床上。这一次重水应比一般的菇房提早10天左右。浇水后7~10天不再喷水,养菌让菌丝恢复生长。经7~10天,待新菌丝生长后再按常规进行水分管理。若采取的是湿越冬,可在3月中旬开始采用轻喷勤补水方法,使菌床吸足水分。切不可一次浇水过多,造成料层积水,影响菌丝生长。

(2)菌丝生长中等菇房应在3月中旬气温回升后,采取轻喷勤喷办法,将覆土层水分补足。

(3)菌丝生长差的菇房水分管理不要太早,应在3月下旬气温稳定后,再采取轻喷勤喷补足水分。

2.控温保菇

影响春菇的危险因素是高温造成死菇。要千方百计控制菇房温度,菇房顶上要加厚遮阳物,房顶喷水降温,菇房地面泼水,早、晚开门窗通风降温。及时防治病虫害,春季随温度回升,病虫害随之猖獗,要早防早治。

(十三)生产中常见问题及解决方法

在双孢蘑菇栽培中,由于一些不利因累影响常出现畸形菇、死菇和地雷菇等,严重降低蘑菇的质量和产量。要认真查找原因,采取有效的防治措施。

1.地雷菇

菇形不圆整,形似地雷。地雷菇产生的原因是培养料过湿,覆土又偏干,培养料内混有泥土或菇房温度和空气湿度都偏低,使子实体较长时间在土层内生长,迟迟不能破土而出。预防措施是:培养料含水量要适宜,料内不要混泥土;覆土后调水时要结合通风,调水后适当减少通风量,要保持菇房湿度85%左右,为子实体出土创造适宜条件。

2. 空心菇

在出菇旺期,气温偏高,空气湿度低,覆土层喷水又少,迅速生长的子实体得不到充足水分,致使菌柄髓部由于缺水产生空心。预防措施是:高温天气通风降温要在早、晚进行;出菇时水要调足,每采收一茬菇后,要喷1次重水,子实体生长期间,保持菇房湿度90%以上。

3. 薄皮菇

由于气温偏高,昼夜温差过大或气温高而空气湿度偏低,出菇密度又大,子实体生长快,而得不到充足营养和适宜条件,造成菌柄细长,菌盖薄早开伞。预防措施是:气温突变时,在菇房顶、门窗加草帘保温保湿,稳定菇房温度,出菇旺期通风在早、晚进行,以降低菇房温度。在通风的同时,喷水调节空气湿度。

4. 锈斑菇

子实体出土后,菇床和菇房喷水没有及时通风,加上气温低,菇表面水分蒸发慢,水珠积结在菇体表面形成铁锈色斑点。预防措施是:喷水时必须结合通风,喷水后待菇表面水分散去后,再减少通气。

5. 硬开伞菇

晚秋季节,菌床喷水少,昼夜温差过大,造成上层温度较高菇生长快,而土表面温度低则生长慢,使未成熟的幼菇的菌盖与菌柄硬性分离开伞。预防措施为:加强菇房后期保温,保持土层和料层有适宜含水量,能使幼菇在较低温度下也能正常生长。

6. 红根菇(又叫水浇菇)

形成红根菇的主要原因是菌床喷水太多,尤其采菇前大量喷水,菇房通气不良,易产生红根菇。预防措施是:菌床喷水时间应在采菇后重喷,而采菇前不喷水,菇房喷水调湿时,要加强通风。

7. 球形菇

出菇时成丛生长,大小不一,挤成团。原因是穴播的菌种提前生理成熟,当条件适宜时便成丛发生菇蕾。预防办法是采用谷粒菌种,改穴播为撒播或混播。

8. 畸形菇

造成各种畸形的原因是菇房通气不良,二氧化碳浓度大大超过0.3%或温度太高,通气量少。覆土材料土质太硬,颗粒过大等,均能导致子实体不能正常生长,出现各种类型的畸形菇。预防措施是:严格控制菇房温度和湿度变化,加强菇房通气,使二氧化碳浓度在0.3%以下,覆土材料要选择含有团粒结构的、保水性强通气性好的土壤,土粒不可过大。

9. 鳞片菇和凹顶菇

当晚秋季节气温较低,空气偏干,而菇房喷水量又减少常引起菌盖表面鳞片发生。这种情况易发生在气生型菌种。而匍匐型菌种,菌盖顶常呈凹陷。预防措施:低温季节注意菇房水分管理,使菌床含水量和空气湿度控制在子实体生长适宜范围内。

10. 密小死菇

菌床出菇很多,但幼菇萎缩、变黄,成批死亡或早开伞。死菇的原因有以下5个方面。

(1)当幼菇刚形成后,菇房温度升高,利于菌丝体生长而不利于子实体生长,供应子实体生长的营养倒流回供应菌丝体,致使菌蕾得不到营养而死亡。

(2)秋季出菇前遇到连续几天高温(室温23℃以上)。而春季出菇后期室温连续几天超过21℃,加上通气量小,氧气不足造成大量幼菇被闷死。

(3)培养料太薄,到出菇后期营养供应不足,经施追肥后,形成过多菇蕾,但因培养基内营养不足,菇蕾最终枯萎变黄而死。

(4)覆土后至出菇前菌丝生长太快,出菇部位过高,往往在土表形成密集的子实体,但营养不足引起部分小菇死亡。

(5)使用农药不当或采摘不慎都会造成幼菇死亡。

三、双孢蘑菇的采收与加工

蘑菇采收期5～6个月,秋菇从10月开始采收到12月,而春菇从3月采到5月。可采摘4～5茬菇,每茬菇采收持续5～7天。采收下的菇要及时销售、冷藏或进行加工。

(一)采收时间

适时采收是保证质量和产量的重要措施之一。采收太早影响产量,采收过晚,菌盖开伞后组织老化,菌褶褐变,失去商品价值。确定采收的适宜时间要根据品种特性、气温高低和出菇情况而定。高产品种结菇性能好,菌床上出菇密,应适当早收,气温低时可迟采收,气温高子实体生长快易开伞需早采,小的菇也要采收。菇房温度低(12～14℃),子实体生长慢,可稍晚采收,使菇体适当长大再收,但必须菌幕不能破裂,在开伞前采收。采收的标准根据市场和要求,一般制罐菇,菌盖直径2～4厘米。鲜销菇、脱水菇、盐渍菇根据需要可适当放宽标准。

(二)采收方法

手握菌柄,左右旋转轻轻扭下或用小刀割下。注意不要伤及周围小菇,不使泥土粘在菇体上。前三茬菇采收时,因为菌丝生长比较旺盛,产菇能力强,菌丝体上带着很多小菇,采收时尽可能不要带出下面的菌丝。采收最后两茬菇时,要连下面的老菌丝及菇根一起拔下,老菌丝已失去再生能力,留下反而影响新菌丝生长和结菇。拔出老菌丝还可松动土层,增加通气性。

(三)保鲜与加工

采下的菇分级存放,及时进行出售或保鲜加工。蘑菇保鲜的原理是抑制菇体中酶的活性,降低或抑制菇体代谢作用。保鲜的方法有低温保鲜、气调保鲜和化学保鲜等。蘑菇的加工方法有制罐头、脱水菇干、盐渍菇,还有蘑菇酱、蘑菇酱油、蘑菇方便面等。

第九章　木耳栽培

一、概述

黑木耳也称木耳、光木耳、云耳。分类上属担子菌纲,银耳目,木耳科,木耳属。此属中约有十多种,如黑木耳、毛木耳、皱木耳、毡盖木耳、角质木耳、盾形木耳等。这几种木耳唯有光木耳质地肥嫩,味道鲜美,有山珍之称。

黑木耳在我国已有悠久的历史,早被劳动人民所认识和利用,远在两千一百多年前的《周礼》中就有了记载,北魏贾思勰的《齐民要术》中,就记载着用木耳加工木耳菹的方法。唐朝苏恭等人著的《唐本草注》中也记载着当时生产木耳所用的树种和方法。明代医学家李时珍在《本草纲目》中也都有记载。可见我国古代除将木耳列为佳肴外,并对黑木耳的药用也有了相当的研究。

经现代科学化验分析,每 100 克鲜黑木耳中,含水 11 克,蛋白质 10.6 克,脂肪 0.2 克,碳水化合物 65 克,纤维素 7 克,灰分 5.8 克(在灰分中,包括钙质 375 毫克,磷质 201 毫克,铁质 180 毫克);此外,还含有多种维生素,包括甲种维生素原(胡萝卜素)0.031 毫克,乙种维生素 0.7 毫克(其中,B_1 0.15 毫克,B_2 0.55 毫克),丙种维生素 217 毫克,丁种维生素原(安角固醇)及肝糖等。因此,黑木耳的营养比较丰富,滋味鲜美。

黑木耳的药物作用:适于滋润强壮,清肺益气;补血活血,产后虚弱及手足抽筋麻木等症,同时,由于黑木耳是胶质菌类,子实体内含有丰富的胶质,对于人类的消化系统具有良好的清滑作用,可以清除肠胃中积败食物和难消化的含纤维性食物,同时黑木耳中的有效物质被人体吸收后,能起清肺和润肺作用,因而它也是轻纺工人和矿山工人的保健食品之一。近据美国明尼苏达大学医学院的研究发现,经常食用黑木耳可以降低人体血液的平常凝块,有防治心血管疾病的作用。

我国黑木耳无论是产量或质量均居世界之首,是我国的拳头出口商品,远销海内外,在东南亚各国享有很高声誉,近些年来,已进入欧美市场,换汇价值较高。

二、黑木耳的生物学特性

黑木耳是一种胶质菌,属于真菌门,它是由菌丝体和子实体两部分组成。菌丝体无色透明,是由许多具横隔和分枝的管状菌丝组成,它生长在朽木或其他基质里面,是黑木耳的营养器官。子实体侧生在木材或培养料的表面,是它的繁殖器官,也是人们的食用部分。子实体初生时像一小环,在不断的生长发育中,舒展成波浪状的个体,腹下凹而光滑,有脉织,背面凸起,边缘稍上卷,整个外形颇似人耳,故此得名。

菌丝发育到一定阶段扭结成子实体。子实体新鲜时,是胶质状,半透明,深褐色,有弹性。干燥后收缩成角质,腹面平滑漆黑色,硬而疏,背面暗淡色,有短绒毛,吸水后仍可恢复原状。子实体在成熟期产生担孢子(种子)。担孢子无色透明,腊肠形或肾状,光滑,在耳片的腹面,成熟干燥后,通过气流到处传播,繁殖它的后代。

黑木耳是一种腐生真菌,它没有叶绿素,自己不会制造食物,它要依靠其他生物体里的有机物质作为养料。同时,它营腐生生活,一定要在死了的生物体上才能生长发育。它的菌丝对生物体里的纤维素、半纤维素的分解能力很强,能使生物体最后粉碎。

黑木耳的担孢子在条件适宜的情况下萌发成菌丝,或形成分生孢子,由分生孢萌发再生成菌丝。由于菌丝不断地生长,逐渐又产生分枝,并且在分枝中生成横隔,发育成每横隔内只有一个核的管状绒毛菌丝,即单核菌丝。这种由单孢子萌发生成的菌丝,有正负不同性别的区分,把这种菌丝称为为初生菌丝或一次菌丝。再通过两个不同性别的单核菌丝顶端细胞接触相互融合后,形成一个双核细胞,双核细胞通过锁状联合发育成以核菌丝。此时,菌丝不断的生长发育,并且生出大量的分枝向生物的深部蔓延,吸收大量的营养和水分,为进一步发育成子实体做好准备,一旦条件成熟,就在生物体表面产生子实体原基。

三、外界条件

黑木耳在生长发育过程中,所需要的外界条件主要是营养、温度、水分、光照、空气和酸碱度。这里影响较大的因素为水分和光照。

1. 营养

黑术耳生长对养分的要求以碳水化合物和含氮物质为主,还需要少量的无机盐类。黑木耳的菌丝体在生长发育过程中,本身不断分泌出多种酵素(酶),因而对木柴或培养料有很强的分解能力,菌丝蔓延到哪里,它就分解到哪里,通过分解来摄取所需养分,供给子实体的需要。我们选用木柴栽培木耳,特别是选用向阳山坡的青岗树(槲树)栽培木耳,可以不考虑养分问题,因为树木中的养分一般都较充足,完全可以满足木耳生长的需要。如果选用锯末或其他代用料栽培时,要加入少量的石膏、蔗糖和磷酸二氧钾等,以满足黑木耳生长发育对营养的需要。营养分一次添加和二次补充,简称"先添后补"。

2. 温度

黑木耳属中温型菌类,它的菌丝体在 15～36℃均能生长发育,但以 22～32℃为最适宜。在 14℃以下和 38℃以上受到抑制,但在木柴中的黑木耳菌丝对于短期的高温和低温都有相当大的抵抗力。

黑木耳的子实体在 15～32℃ 都可以形成和生长,但以 22～28℃ 生长的木耳片大、肉厚、质量好。28℃ 以上生长的木耳肉稍薄、色淡黄、质量差。15～22℃ 生长的木耳虽然肉厚、色黑、质量好,但生长期缓慢,影响产量。培养菌丝需要温度高,子实体生长需要温度低一点,简称"先高后低"。

3. 水分

水分是黑木耳生长发育的重要因素之一。黑木耳菌丝体和子实体在生长发育中都需要大量的水分,但两者的需要量有所不同,在同样的适宜温度下,菌丝体在低湿情况下发展定植较快,子实体在高湿情况下发展迅速。因此,在点种时,要求耳棒的含水量为 60%～70%,代用料培养基的含水量为 65%,这样有利于菌丝的发展定植。子实体的生长发育,虽然需要较高的水分,但要干湿结合,还要根据温度高低情况,适当给以喷雾,温度适宜时,栽培场空气的相对湿度可达到 85%～95%,这样子实体的生长发育比较迅速。温度较低时,不能过多的给予水分,否则会造成烂耳。培养菌丝阶段要干燥;子实体生长要湿润。即"先干后湿"。

4. 光照

黑木耳系营腐生生活,光照对菌丝体本来没有多大关系,在光线微弱的阴暗环境中菌丝和子实体都能生长。但是,光线对黑木耳子实体原基的形成有促进作用,耳芽在一定的直射阳光下才能展出苗壮的耳片。根据经验耳场有一定的直射光时,所长出的木耳既厚硕又黝黑,而明暗无直射光的耳场,长出的木耳肉薄、色淡、缺乏弹性,有不健壮之感。

黑木耳虽然对直射光的忍受能力较强,但必须给以适当的湿度,不然会使耳片萎缩、干燥,停止生产,影响产量。因此,在生产管理中,最好给耳场创造一种"花花阳光",促使子实体的迅速发育成长。在黑暗的情况下,菌丝可以形成子实体原基,但不开张。当有一定的散射光时才开张,形成子实体。即"先暗后明"。

5.氧气

黑木耳是一种好气性真菌,在菌丝体和子实体的形成、生长、发育过程中,不断进行着吸氧呼碳(二氧化碳)活动。因此要经常保护耳场(室内)的空气流通,以保证黑木耳的生长发育对氧气的需要。防止郁闷环境,避免烂耳和杂菌的蔓延。菌丝生长,需氧少,子实体生长需大量氧气,即"先弱后强"。

6.酸碱度(pH 值)

黑木耳适宜在微酸性的环境中生活,以 pH 值 5.5~6.5 为最好。用耳棒栽培木耳一般很少考虑这一因素,因为耳棒经过架晒发酵,它本身已经形成了微酸性环境。但在菌种分离和菌种培养及代料栽培中,这是一个不能忽视的问题,必须把培养基(料)的出值调整到适宜程度。代料栽培时,先调到适宜范围偏碱一方,通过自然发酵,即达最适宜程度。总之要求"先碱后酸"。

四、黑木耳菌种生产

在食用菌种的培养上,我们把从黑木耳身上和从耳棒中分离出来的菌丝称"母种",把母种扩大到锯木培养基上进行培养,产生的菌丝称"原种",再把原种经过繁殖培养成栽培种用于生产。

生产种(栽培种)培养基,用于点种木耳。

配方甲:枝条(青岗树枝条)35 千克,锯木 9 千克,麸皮 5 千克,蔗糖 0.5 千克,石膏 0.5 千克,水适量。

配方乙:棉皮 5 千克,木屑 35 千克,麸皮 9 千克,蔗糖 0.5 千克,石膏 0.5 千克,水适量。

配制方法:除枝条种先将枝条用 70%的糖水浸泡 12 小时后捞出,木屑麸皮倒在一块搅匀,再把余下的 30%蔗糖和石膏用水化开洒在上面,一面加水一面搅拌外,余下生产方法与生产母种相同。

五、黑木耳栽培

（一）耳棒栽培

1.选树

适合黑木耳生长发育的树种很多。但要因地制宜,选用当地资源丰富又容易长木耳的树种,除含有松脂、精油、醇、醚等树种和经济林木外,其他树种都可栽培木耳。目前,通用的树种有栓皮栎、麻栎、槲树、棘皮桦、米槠、枫杨、枫香、榆树、刺槐、柳树、揪树、法桐、黄连木等。但以栓皮栎、麻栎为最好。

2.砍树

历史习惯是"进九"砍树,一般来讲,从树叶枯黄到新叶萌发前都可进行砍伐,因为这个时期正是树木"休眠"期,树干内的养分正处于蓄积不流动状态,水分较少,养分最丰富而集中,这就叫砍"收浆树"。同时,这个期间砍的树,树皮和木质部结合紧密,砍伐后树皮不易脱,利于黑木耳的生长发育。

砍伐的树龄,生于阳坡的7～8年,生于阴坡或土质较差的8～10年,树干的粗细以10厘米上下为最好,长为1米。一架50根。

砍伐的方法,要求茬留低,与地面高出10～15厘米;从树干的两面下斧,茬留成"鸦雀口",这样对于老树蔸发枝更新有利,既不会积水烂芽,也不会多芽竞发,影响树蔸更新。砍时主张抽茬,不主张扫茬,这样既有利于保护幼树,又利于水土保持。

3.剔枝

树砍倒后,不要立即剔枝,留住枝叶可以加速树木水分的蒸发,促使树干很快干燥,使其细胞组织死亡,同时,有利于树梢上的养分集中于树干。待十天半月后再进行剔枝。剔时,要用锋利的砍刀从下而上贴住树干削平,削成"铜钱疤"或"牛眼睛",不能削得过深,伤及皮层,削后的伤疤,最好用石灰水涂抹,防止杂菌侵入和积水,还便于上堆排场。

4. 截干

为了便于耳棒的上堆、排场、立架、管理和采收,同时放倒耳棒时便于贴地吸潮,应把太长的树干截成1米左右长的短棒。截时用手锯或油锯截成齐头,用石灰水涂抹,防杂菌感染。

5. 架晒

架晒是把截好的木棒,选择地势高燥、通风、向阳的地方,堆成1米左右高的"井"字形或"鱼背形"堆子,让它很快地失水死去。在架晒过程中,每隔10天左右的时间,把它上下里外翻动一次,促使耳棒干燥均匀,架晒的时间,要根据树种、耳棒的粗细和气候条件等灵活掌握,一般架晒1个月到1个半月时间,使耳棒比架晒前失去3~4成水分,即可进行接种。

6. 耳场选择

排放耳架的地方称为耳场。耳场环境的好坏直接关系到黑木耳的生长发育和它最后的产量。一般说最好选在背北面南避风的山坳,这地方每天光照时间长,日夜温差小;早晚经常有云雾覆盖,湿度大,空气流通,最适宜黑木耳的生长发育。选场时,并应靠近水源,有利于人工降雨,坡度以15°~30°为宜,切忌选在石头被、白垩土、铁矾土之处。

场地选好后,应先进行清理,把场内过密的树木进行疏伐,并割去灌木、刺藤及易腐烂的杂草,只留少量树冠小或枝叶不太茂密而较高的阔叶树,到夏季用以适当给耳架遮阳。在栽培前给地上施以杀虫药剂,并用漂白粉、生石灰等进行一次消毒;冬季最好用柴草火烧场地。场地上长的羊胡草、草皮、苔藓等不要铲除,以防止水土流失和保持耳场的湿润。

7. 接种

接种就是把人工培养好的菌丝种点种到架晒好的耳棒上,使它在耳棒内发育定植,长出子实体来,这是黑木耳人工栽培最关键的一道工序,是生产上的一项重大的技术革新,它见效快,产量高。

接种时,首先对耳场和耳棒进行消毒(用消毒药品或火烧就可),对所用工具用酒精或开水消毒,人工可用肥皂水洗净。选择阴凉处进行,不要让阳光直射菌种,切忌下雨天进行。

接种时间,一般从2月到5月上旬,秋季在白露至寒露之间都可进行。接种时,视其不同种型,选用不同工具,如枝条种、三角木种;可用砍花斧砍口,把锯末和枝条或三角木共同塞入砍口内,用斧背轻轻打紧,以不脱落为原则;锯末种、颗粒种,可用10毫米手电钻、打孔机或空心冲子打眼,把菌种塞入孔内,用树皮盖上,轻轻打紧。

点种的密度,一般的行距约7厘米,株距8~10厘米,排成"品"字形或交错成梅花形都可。耳棒的两端密度要大,让菌丝很快占领阵地,避免杂菌侵入。点种的深度,以透过树皮进入木质部约1厘米。

8. 上堆定植

上堆,是为了保持适宜的温度和湿度,使菌丝很快在耳棒内萌发定植、生长发育,这是接种成功与否的一个重要步骤。其方法是:先选好上堆地点,把杂草清除,撒少许杀虫药剂或漂白粉,耙入土内,然后将接种好的耳棒平放推起,堆成"井"字形或"鱼背"形都可,堆高1米,即用塑料薄膜严密覆盖,周围用土压住,撒一圈杀虫药,防止蚂蚁上堆吃菌丝。堆内温度应保持22~32℃,湿度保持60%~70%,如果温度过高时,可将周围薄膜揭起通一次风,使温度降下即可,每隔10天左右的时间,进行一次翻堆,即上下内外全面进行一次翻动。使堆内耳棒的温、湿度经常保持均匀。第一次翻堆不必洒水,以后每翻一次洒一次水,若有机会接受雨水更好。约1个月即可定植。

9. 散堆排场

耳棒经过上堆定植后,菌丝已经长出耳棒,便可散堆排场。排场的目的,是让耳棒贴地吸潮,接受自然界的阳光雨露和新鲜空气,改变它的生活环境,让它很快适应自然界,促使菌丝进一步在耳棒内迅速蔓延,从生长阶段转入发育阶段。排场的方法,是把耳棒平铺在地面上,全身贴地不能架空,每根间距 2 指。场地最好有些坡度,以免下雨场地积水淹了耳棒。每隔 10 天左右的时间进行一次翻棒,即将原贴地的一面翻上朝天,将原朝天的一面翻下贴地,使耳棒吸潮均匀,避免好湿的杂菌感染。约 1 个月的时间耳芽大量丛生,这时便可立架。

10.立架管理

当耳芽长满耳棒后,说明了菌丝的生长发育已进入结实阶段,这时正需要"干干湿湿"的外界条件,立架后可以满足它的需要,并可减少那些不适应这种条件的杂菌和害虫。立架的方法,是用一根长杆做横梁,两头用带叉的树丫子撑住,然后把耳棒斜靠在横梁上,构成"人"字形,每棒间距约 7 厘米。每架以 50 根棒计算产量。

上架后的管理工作是很重要的,俗话说"三分种,七分管""有收没收在于种,收多收少在于管",说明了管理工作的重要性。

管理工作,主要包括除长草、杂菌、害虫、调节温湿度、空气和光照。夏天中午要尽量避免强光直射耳架,冬季对始花耳棒要放倒,让它贴地吸潮、保暖,促使来年早发芽、早结耳。

11.采收晾晒

木耳长大后,要勤收细拣,确保丰产丰收。春耳和秋耳要拣大留小,让小耳长大后再拣,伏耳要大小一齐拣,因为伏天温度高,虫害多,细菌繁殖快,会使成熟的耳子被虫吃掉和烂掉。拣耳时间,最好在雨后天晴耳子收边时或早晨趁露水没干耳子潮软时采收。采回时应放在晒席上摊薄,趁烈日一次晒干,晒时不宜多翻,以免造成拳耳。如遇连阴雨天,首先应采取抢收抢采的办法,把采回的湿耳子平摊到干茅草或干木耳上,让干茅草或干木耳吸去一部分水分,天晴后再搬出去一同晒干。如果抢收不过来时,可用塑料薄膜把耳架苫住,不使已长成的木耳再继续淋雨吃水,造成流棒损失。

(二)代用料栽培

黑木耳栽培技术的不断革新,使单产和产量大幅度的增长,但还满足不了外贸出口和人民日益增长的需要。随着人工栽培技术的推广和发展,进一步推动了代用料栽培木耳新技术的试验研究。目前主要以塑料袋栽培为主,其方法如下。

1.生产流程

40天左右的栽培种(塑料袋)接种后经2个月左右—栽培袋(塑料袋)开洞—耳芽形成(7~10天)—成熟采收(15~20天)—第二次耳芽形成(10天)—成熟采收(15~20天)—第三次耳芽形成(10天)—采收(15~20天)。

2.选用优良菌种

栽培黑木耳的菌种,是由段木栽培黑木耳菌种中驯化筛选而来的,因此,并不是所有适于段木栽培菌种都可作为代料栽培的菌种。栽培种的菌龄在30~45天为适宜,这样的栽培种生命力强,可以减少培养过程杂菌污染,也能增强栽培时的抗霉菌能力。一般选择菌丝体生长快,粗壮,接种后定植快;生产周期短、产量高、片大、肉厚、颜色深的作为菌种。

3.栽培季节

在陕西及附近几个省,利用自然温度一年可以栽培2次,春季1月上旬开始制原种,2月上旬制栽培种,3月中旬制栽培袋,4月、5月和6月出耳。秋季8月中旬制栽培袋,9月、10月和11月出耳。

(三)栽培方法

1.配方

许多农林产品下脚料都可用来栽培黑木耳,下面介绍几种培养基配方。

(1)木屑培养基配方

木屑(阔叶树)	78%
麸皮(或米糠)	20%
石膏粉	1%
白糖	1%

水	65％左右

（2）棉籽壳培养基配方

棉籽壳	90％
麸皮（或米糠）	8％
石膏粉	1％
白糖	1％
水	65％左右

（3）玉米芯培养基配方

玉米芯（粉碎成黄豆大小的颗粒）	48％～80％
锯木屑（阔叶树）	10％～20％
麸皮（或米糠）	8％
石膏粉	1％
白糖	1％
水	65％左右

（4）稻草培养基配方

稻草（新鲜稻草粉碎或铡成小段）	48％
麸皮（或米糠）	15％
锯木屑（阔叶树）	8％
石膏粉	1％
白糖	1％
水	65％左右

如果条件许可，在上述培养基中加入 2％的黄豆粉更好。

2.调料与装袋

将以上培养料按比例称好，拌匀，把糖溶解在水中注入培养料内，加水翻拌，使培养料含水量达 65％左右。或加水至手握培养料，有水纹渗出而不下滴为度，然后将料堆积起来，闷 30～60 分钟，使料吃透糖水，立即装袋。装袋的方法有 3 种，各有利弊，可根据情况选择使用。

第一种方法，选用厚度在 5 微米左右，袋大小约 17 厘米×33 厘米的底部为方形的塑料袋。如购买到平底袋(和食品袋一样),在装袋之前,先将袋底部两个角向内塞至两个角碰到即可,这样装入培养料后平稳,能直接放于培养架上。装袋时,将已拌好的料装入袋内,边装边在平滑处用力振动,使培养料密实,并上下松紧一致,这时培养料的高度约为袋高的3/5,用干纱布擦去袋上部的残留培养料,加上塑料颈套(内径34厘米、高3厘米)把塑料袋口向下翻,用橡皮筋扎紧,形状像玻璃瓶口一样,塞好棉塞。

第二种方法,选用直径13厘米的筒状聚丙烯塑料袋,剪截为35厘米的长度,一端用棉线扎紧,再用烛火或酒精灯火焰将薄膜烧熔化,使袋口密封。从开口的一端把培养料装入袋内,边装边在料堆上振动,或用手指压实,待装至距袋口5厘米处为止,然后把余下塑料袋扭结在一起,用棉线扎紧,在烛火或酒精灯火焰下,将薄膜熔化密封。在光滑的桌面上用手将袋压成扁形。再用直径2厘米的打孔器,在袋的一面,每隔10厘米打一直径2厘米、深1.5厘米的洞。用剪刀把准备好的药用胶布,剪成3～4厘米见方的块;贴在洞口上。为了便于接种时操作方便,胶布的其中一角卷成双层。

第三种方法,选用直径13厘米的聚丙烯塑料袋,一端用线绳扎着,从另一端把培养料装入袋内、用手把料压实,待料装至距袋口5厘米处为止,然后把余下的塑料袋收拢起来,用线绳扎着、以后接种从两头接。

应该注意:无论哪种装袋方法,都必须做到,当天拌料、装袋、当天灭菌。

3. 灭菌与接种

装好的栽培袋放在高压灭菌锅里灭菌,在15千克/平方厘米的压力下保持1.5～2小时,待压力表降到零时,将袋子趁热取出,立即放在接种箱或接种室内。若用常压灭菌灶灭菌,保持6～8小时,待袋温下降到30℃时,或用高锰酸钾和甲醛熏蒸30～40分钟,进行接种箱或接种室空间消毒。接种时要注意,连续接种不要时间太长,以免箱内温度过高(超过40℃);接种量要多些,可以缩短菌丝长满表面的时间,减少杂菌感染的机会。前已述及,黑木耳抵抗霉菌,特别是木霉的能力比较弱,因此,灭菌一定要彻底,接种时一定要按无菌操作进行,提高成品率。

4. 菌丝培养

在菌丝培养的全过程中,要创造使菌丝体健壮生长,又能控制黑木耳子实体无规棒形成的条件。在诸条件中,温度是最重要的因素。培养室的最适温度为 $22\sim25℃$,由于袋内培养料温度往往高于室温 $2\sim3℃$,所以培养室的温度不宜超过 $25℃$。特别是在培养后期(即菌丝长到培养料高度约 $1/2$ 以上),温度超过 $25℃$,在袋内会出现黄水,水色由淡变深,并由稀变黏,这种黏液的产生,容易促使霉菌感染。培养室的相对湿度 $50\%\sim70\%$,如果湿度太低培养料水分损失多,培养料干燥,对菌丝生长不利,相对湿度超过 70%,棉塞上会长杂菌。光线能诱导菌丝体扭结形成原基。为了控制培养菌丝阶段不形成子实体原基,培养室应保持黑暗或极弱的光照强度。培养室内四周撒一些生石灰,使成碱性环境,减少霉菌繁殖的机会。栽培袋放在培养室或堆积在地面上培养菌丝时,不宜多翻动。因为塑料袋体积不固定,用手捏的地方体积变化,把空气挤出袋处,当手去掉时,其体积复原,就有少量的空气入内。这样就有可能进入杂菌孢子。另外,在手接触袋壁的地方;增加了塑料袋与培养料的压力,遇到较尖锐的培养料(锯木屑、棉籽壳)就会刺成肉眼看不见的小孔,杂菌孢子也会由此而进入,增加感染率。因此,在培养过程中尽量少动,在检查杂菌时,一定要轻拿轻放,发现杂菌应及时取出,另放在温度较低的地方;继续观察。若污染程度比较轻,可用甲醛药液注射到杂菌处,并用小块胶布把针眼贴着,可控制杂菌继续蔓延。

5. 开洞

当黑木耳菌丝长满时,即可将菌袋从培养室移到栽培室,把棉塞、塑料颈套去掉,袋口用绳子扎好;或把胶布揭掉;准备两盆 5% 的石灰水,先将袋子放在一个盆里浸洗干净,取出。用刀片在袋子的四周,按两洞之间 $5\sim6$ 厘米的距离开长度 $1\sim1.5$ 厘米、深及料内 0.3 厘米小口,也可先在菌袋的一侧开洞。将已开洞的菌袋在另一盆石灰水中浸泡一下,使洞口处于碱性环境,可有效地防治杂菌为害。

6. 出耳期管理

开洞后的菌袋,可平放在栽培室的菌床架上,也可以悬挂在苗床架上或林下树枝上,也可以放在铺湿沙的地面上,随即创造黑木耳形成子实体原基的条件。首先要增加栽培环境的相对湿度达 90%～95%,室温尽可能控制在 20～25℃,良好的通风和较强的散射光照也是黑木耳原基形成必不可少的条件。开洞处菌丝体能得到较充足光线、空气和湿度,有效地促进了此处子实体的形成。所以,开洞栽培黑木耳,子实体都在开洞处形成或在塑料袋的破裂处形成。这就是所谓的"定向出耳"。

在适宜的温度、湿度、通风和光照条件下,一般开洞 7～12 天,肉眼能看到洞口有许多小黑点产生;并逐渐长大,连成一朵耳芽(幼小子实体)。这时需要更多的水分,15～25℃的温度,较强的散射光照和良好的通风。如果遇见连阴雨天气,可把已形成耳芽的栽培袋挂在露天下,温、湿、光、空气都能充分满足,耳芽发育更快。这时,如果在耳基部或幼小耳片上发现有绿霉菌和橘红色链孢霉污染,可将菌袋在水龙头下,小心放水冲洗掉杂菌,但切忌把子实体冲掉。在适宜的环境条件下,耳芽形成后 10～15 天,耳片平展,子实体成熟,即可采收。

7. 采收与加工

黑木耳成熟的标准是耳片充分展开,开始收边、耳基变细、颜色由黑变褐时,即可采摘。要求勤采,细采,采大留小,不使流耳。成熟的耳子留在菌袋上不采,易遭病虫害或流耳。采收时,用小刀靠袋壁削平。采收下的木耳要及时晒干或烘干。烘烤温度不超过50℃,温度太高,木耳会黏合成块,影响质量,木耳干后,及时包装贮藏,防止霉变或虫蛀。采收后的菌袋,停止直接喷水 4～5 天,让菌丝积累营养,经过 10 天左右,第二茬耳芽形成,重复上述管理,还可采收两茬。

(四)病虫害和杂菌污染的预防

当前栽培黑木耳最突出的一个问题是,耳棒杂菌多,木耳害虫多,制菌和代料栽培污染多,往往给生产造成不应有的损失。首先要查明原因,加以预防,减少损失是完全可以做到的。

造成耳棒杂菌多的原因,主要是耳场、耳棒和使用工具消毒不严,耳场通风不良,长时期的郁闷空气造成的。木耳的害虫,主要是冬季对虫卵消灭不彻底和春夏防治不及时。制菌和代料栽培的污染问题,主要是分离的标本带菌,培养基消毒不彻底,引种室的箱和所用工具消毒不良或引种室、箱封闭不严中途带进杂菌,使用了被污染的原种和母种,操作人员的手和工作服、帽子消毒不好等,都会造成污染,给生产带来损失。因此,要求所有工作人员,首先要从思想上重视,环环把好灭菌消毒关,严格执行各项操作规程,绝不能有丝毫的疏忽大意。

现将一些常见的病虫害及杂菌名称和初步防治办法介绍如下。

1. 为害耳棒的杂菌

黑疔(环纹炭团):为黑褐色颗粒,在高温潮湿荫蔽的地方最易发生,多时连成一片,它本身分泌的炭质硬,使树皮下的形成层变成黑色,吸不进水分,里面成了铁心,不仅不结木耳,就连其他杂菌也不长,它对耳棒的为害最大。

革菌:有好几种,一种叫金边蛾,贴生在耳棒上,边翻起如檐状,贴着木头的不孕面为灰红色,表面为黑色,有的像干了的黑木耳。另一种叫牛皮箍,其中有黑白两种,黑的粟壳色,白的笋片色,全部紧贴生在耳棒上,边缘不翘起,状似贴膏药.有时贴满耳棒,引起木质粉状腐朽,根本不长木耳。在阴湿或连阴雨天格外容易发生。还有一种皱皮革,小菊花状,仰生,白色,薄如纸,子实层有放射状,皱褶或棱脉,这种为害较轻。

多孔菌:一种叫红菌子,色枣红鲜艳,无柄半月形,侧生在耳棒上,它分泌黑褐色色素,能引起木质粒状腐朽,长了这种菌也不再结木耳。另一种叫白菌子,色白淡奶油色,状似细菌子,但体形较大,多时呈云片重叠,大量消耗耳棒养分,使耳棒早期腐朽,影响木耳产量。同时这种菌最爱生虫,它所生的小虫还要蛀食耳棒。还有其他体型较大的牛肝菌、白丝毛菌、鸡毛菌、黄菌(黄蛱蝶菌)、云芝、白边青霉等。这些菌对耳棒的为害较轻,但在郁闭的环境中最易发生。

其防治措施,首先要将耳场选在通风向阳处,搞好耳场的清洁卫生;对场内附近的腐朽树枝杂草和长有杂菌的耳棒一律烧毁,惊蛰和清明间用杀虫药和杀菌药喷施耳场;耳棒点种时对表皮进行严格消毒,实行合理密植,缩短生产周期,废除罢山期。

2. 为害木耳常见的害虫

红线虫:体形较细似条线,色红,体长约 1 厘米,多由耳根钻入耳片内蛀食,表面不易发现。被蛀食的耳片内部变空,表面出现不规则的小洞,被蛀的耳片容易溃烂流失,不堪食用,为害较大。

鱼儿虫:体形像小鱼,颜色如小虾;体长 1～2 厘米。它是一种甲虫的幼虫,栖于耳片内,从耳片的内部向外啃食,也吃耳根,被蛀食的耳根不再长木耳。这种虫不但在耳场啃食,带进仓库还会继续啃食,食量较大,粪便为黑褐色绒条状。

壳子虫:壳子虫的种类繁多,但对木耳为害较大的有黑亮子虫、花壳子虫、麻壳子虫等。这几种虫爬在耳片上从外啃食,如蚕食桑叶状,影响木耳的生长发育。严重的会将整片木耳食光,造成减产。

其他害虫有米象、拟谷盗、松条小囊虫、蓑衣虫、弹尾虫、蛞蝓、马隆虫等,还有耳基内的食菌见此外,还有蛀食耳棒的白蚁、天牛、六星吉丁虫、栗色吉丁虫等,也都间接地为害着木耳的产量和质量。

以上这些害虫,一般都在春分前后开始发生,对春耳为害不大,大量发生在伏耳季节,立秋后逐渐减少。防治措施,除做好消灭虫卵工作外,对红线虫、鱼儿虫可用 50% 可湿性敌百虫 0.5 千克,加水 500～750 千克,浸渍耳棒 2 分钟;用马拉硫磷 0.5 千克,加水 750 千克喷洒;也可对各种壳子虫用鱼藤粉 0.5 千克,中性肥皂 0.25 千

克,加水 100 千克喷洒;用除虫菊乳油 0.5 千克,加水 400 千克喷
洒。对食用螨可用 1∶1 000 倍 20%可湿性三氯杀螨砜喷洒;或用
20%可湿性三氯杀螨砜 1∶800 倍水溶液浸耳棒 5 分钟。对古丁
虫、天牛及天牛幼虫,最好在早晚进行人工捕捉。

　3.为害菌种生产和代料栽培的杂菌

　青霉:为青绿色菌落,短绒,菌落边缘参差不齐,分生孢子硬像
扫帚,顶端还生有分生孢子。喜低温,多在 25℃左右和潮湿、空气
不良的地方发生。

　毛霉和根霉:这两种菌的形状相似,毛较长,毛霉的菌丝白色,
根霉的菌丝灰白如针状,都长有黑色颗粒状的孢子囊,如果用手一
摸,可把手染成黑灰色。这两种苗都是在潮湿和空气不良的环境中
生长蔓延较快。

　曲霉:有黄曲霉和黑曲霉两种,它的菌丝较粗而短,孢子都是呈
辐射状生长。黄曲霉色黑黄,黑曲霉色黄黑灰,在培养基中温度低
时蔓延快。

　链孢霉:菌丝呈棉絮状,生有成串的链状孢子,菌落为鲜艳的橘
黄色。培养基中温度高湿度大时蔓延快。

　木霉:菌丝蔓延生长,菌落边缘不齐,初生为白色;菌丝成絮状
或线球状,成熟后分枝顶端的孢子梗上生有成团的分生孢子,产孢
子后,菌落变成铜绿色。喜阴暗潮湿通风不良的环境,特别是在高
温高湿情况下生长蔓延最快。

　酵母和细菌:属于单细胞微生物,个体小,种类繁多,培养基感染
此菌后,表面呈黏糊状或呈液状,使培养基发黏带臭味;致使菌丝
死亡。

　防治各种霉菌的感染,首先要从思想上重视,搞好环境卫生,对
制菌和代料栽培时,严格执行操作规程,环环把好灭菌关,对所有工
具和引种室、箱、培养室经常保持清洁和灭菌,操作人员在操作前先
要进行人身消毒而后再进行操作,绝不能有丝毫疏忽大意。

第十章 食用菌病虫害及其杂菌防治

食用菌病虫害是指与食用菌争夺养分和空间,为害食用菌生长发育,引起食用菌的产量和质量下降的微生物及害虫。病害有两类,为侵染性病害和生理性病害。为害食用菌的害虫一般有昆虫、线虫、螨类及软体动物。

一、竞争性杂菌与防治

(一)制种期杂菌

1. 常见杂菌

(1)链孢霉。也叫好食脉胞霉,孢子橙红色或粉红色,也叫红色链胞霉,属中高温型好气性真菌,条件适宜时,生长极快,传播迅速,在以木屑、棉籽壳等作培养基栽培的菌类中常发生。主要为害是与食用菌争夺养分与空间,常生长于袋口棉塞及菌袋表面,菌丝可在纵深发展,待菌丝长满袋后,自然消失,对出菇影响不大,但如与木霉交叉感染,则为害极大。

(2)曲霉。主要有 3 种,黄曲霉、黑曲霉、灰曲霉。菌落形状中间黄绿色,周围一圈白色,属中高温型 25～30℃,喜湿度大,微酸性环境,菌丝生长良好时,可将其覆盖,对出菇影响不大,主要危害是与食用菌争夺养分和空间。

(3)青霉与拟青霉。菌落颜色较青较蓝,周围白色,与食用菌争夺养分和空间,危害性比曲霉大。

(4)毛霉、根霉。菌丝像烂棉絮,根霉会产生假根,是培养料含水量偏高的表征,主要为害是与食用菌争夺养分和空间。

(5)木霉。产生绿色孢子,菌落呈绿色也叫绿色木霉,能分泌霉,起破坏作用,并产生孢外毒素,常造成烂筒,为害极大。

(6)细菌类。培养料有有机物腐烂的腥臭味,大多为细菌性污染。

2.杂菌发生的原因

杂菌发生的原因主要有:袋口扎不紧,灭菌不彻底,培养料不新鲜或湿度偏高,接种时无菌操作不严,搬运过程中松袋或刺破菌袋,培养环境消毒不彻底,环境中杂菌孢子浓度大,初侵染源丰富,管理时喷水量过大,空气湿度大,环境通风不良,温度偏高等都是引起杂菌发生的主要原因。细菌发生原因主要是灭菌不彻底。

3.杂菌污染的主要防治方法

食用菌的病虫害防治,食用菌是一种保健食品,因其生产周期短,许多食用菌栽培也不脱袋,它们既不宜下药,也不宜下一般农药,并且作用效果也不大,因而,食用菌病虫害的防治必须坚持"以防为主,综合防治"方针,主要在于防。防治主要有以下几方面:一是应选择空气新鲜、场所干净、通风良好、凉爽干燥、水源清洁、远离仓库、畜禽舍无污染源的场地作栽培场;二是搞好环境卫生,对场地预先采用甲醛、硫磺、磷化氯等高效低毒的药剂进行严格消毒,药剂经常轮换使用;三是严格要求无菌操作,把好无菌关;四是对染杂菌袋采用深埋、沤肥、火烧等集中处理。

(二)蘑菇生产过程中的主要杂菌及防治

1.胡桃肉状菌

该菌是蘑菇覆土上长的杂菌,培养料发酸、发黑、发黏、不长菇,具有较浓漂白粉味道。主要是由于菇房和培养料不透气,而后遇高温、高湿而暴发,或是培养料堆制过熟、粪肥过多、含 N 偏高。防治胡桃肉状菌的方法主要应加强菇房通风透气,对覆土材料严格消毒,培养料堆制采用二次发酵。

2. 蘑菇粉孢霉

发生在蘑菇栽培中、后期覆土层中,初期菌丝短而细,菌丝旺盛,似棉絮状,后期菌丝萎缩,呈灰白色,最后产生橘红色的菌丝,致使出菇稀少或不出菇。防治方法可采用 0.1% 甲基托布津喷洒,往返 3 遍,5 天后可再用 800 倍液多菌灵液再喷 1 次。

3. 石膏霉(白色石膏霉和褐色石膏霉)

感染石膏霉后,培养料发黑,产生恶臭,菌丝受抑制,一旦发生会使蘑菇产生绝收。主要原因是在建堆时加入了过多的石膏或石灰,发酵不良引起,可采用过磷酸钙溶液喷洒,降低 pH 值,也可用 500 倍液多菌灵或 1∶7 醋酸或 5% 石炭酸溶液喷雾,控制其发展,不影响出菇。

4. 鬼伞

培养料不新鲜,高温、高湿、培养料中存有游离氨、粪肥未转化,鬼伞便会大量发生。防治:培养料使用前在烈日下暴晒 1~2 天,用 1%~2% 的石灰水浸泡,同时增加接种量,鬼伞发生时应及时摘除鬼伞,并可采用明矾水中和培养料中的氨。

二、侵染性病害与防治

食用菌受到有害生物侵染而发生病害,叫侵染性病害。细菌性侵染叫细菌性病害,真菌性侵染叫真菌性病害。

(一)真菌性病害

1. 蘑菇湿泡病

(1)蘑菇湿泡病,也叫疣孢霉病、白腐病、菇癌。该菌是蘑菇最主要的病害,秋菇出菇期遇高温,极易暴发成灾,严重时颗粒无收。发生症状,首先是出现一些白色斑点,并在菇床和培养料上扩展,寄生于子实体,并使子实体发生畸形,早期块状,后期有菌盖偏小、菌梗偏大,蘑菇后期变成褐色、软、湿,并流出橙褐色的清液,伴有恶臭味,发生原因主要是高温和通气不良。

(2)蘑菇湿泡病的防治。一是搞好环境卫生,注意菇房清洁和覆土材料消毒,覆土材料消毒可用甲醛密闭熏蒸 36 小时;二要选好栽培季节,第一潮菇出菇期温度避开 25℃ 以上高温;三要及时处理病斑,防扩散,并做好治虫防病,以防昆虫携带传播;四是药剂防治,可用 1:800 倍多菌灵或甲基托布津喷洒。

2.轮枝霉病(褐斑病、干泡病)

(1)为害。主要发生于蘑菇,感染后产生褐斑,早期子实体发育不良,颜色灰白,幼菇感染成洋葱菇,中期有唇裂现象,质地较干,不流水滴,无难闻气味。

(2)防治。采取有效防虫治病,病菇周围用 2% 甲醛、500 倍液多菌灵或 1 000 倍液百菌清喷洒。

3.鱼子菌

(1)症状及为害。粒状,圆球状,乳白色,也叫尿素病。感染后培养料发酸发黑,菌丝疏而稀少。若早期感染,菌丝难于定植。发生的主要原因是培养料含水量过高和发酵不良。

(2)防治。搞好培养料的发酵工作,加强菇房管理,做好通风透气,发现感染时可用 50% 多菌灵可湿性粉剂 800 倍液喷雾。

(二)细菌性病害

1.蘑菇细菌性斑点病

(1)为害。常在春菇后期,逢高温、高湿,特别是菌盖有水膜时极易发生,使菌盖产生褐斑,但不为害菌肉。

(2)防治。保持恒温,减少变温,喷水后加强通风,菌盖上不能有水珠残留,发病时用 1% 漂白粉液喷雾。

2.金针菇细菌性斑点病

(1)为害。菌盖上的病斑不规则,外圈颜色较深,呈深褐色,条件适宜时很多病斑连成一片,使菌柄、菌盖变黑褐色,质软,有黏液,最后整朵腐烂。

(2)防治。控制出菇温度不大于 15℃,发生时可用 1%的漂白粉液喷雾。

三、生理性病害与防治

(一)菌丝生长阶段

1. 菌丝徒长

当培养料中含 N 量偏高,菌丝大量进行营养生长,不扭结出菇的现象。主要预防方法是配好培养料,加强通风换气,产生菌皮时用器具挑去菌皮。

2. 菌丝萎缩

主要原因:一是料害,料中 N 量偏高,产生氨中毒;二是水害,喷水过多,造成缺氧;三是温度过高烧菌。

(二)子实体阶段

子实体阶段发生的生理性病害主要是地雷菇、空心菇、硬开伞、死菇等,预防方法主要是加强管理。

四、食用菌害虫及防治

(一)闽菇迟眼蕈蚊(又名:尖眼菌蚊、菇蚊、菌蛆、菇蝇)

1. 为害

主要发生于双孢蘑菇、凤尾菇、平菇、黑木耳、毛木耳、银耳、金针菇、香菇、茶树菇等。主要为害是幼虫取食菌丝体,造成菌丝萎缩,菇蕾枯萎,幼虫可从子实体基部钻蛀,造成窟窿,并伴有难闻腥臭味,成虫不直接为害子实体。

2. 防治

①搞好卫生,减少虫源,门窗安装 60 目纱门、纱窗;②灯光诱杀,可在菇房装一黑光灯或白炽灯,在灯下放一盆水,滴上几滴农

药,白天开灯诱杀,晚上关灯;③药剂防治可用 25% 溴氰菊酯 1 500~2 000 倍液喷洒,在一批食用菌采收后施用,采前 7 天禁用。

(二)嗜菇瘿蚊(瘿蝇、小红蛆、菇蝇)

1. 为害

所有食用菌都可受其为害,主要是取食菌丝,钻蛀子实体,引起烂菇,严重时颗粒无收。

2. 防治

同菌蚊,也可对培养料停止喷水,使幼虫停止生殖和缺水死亡。

(三)蚤蝇(厩蝇、粪蝇、菇蛆、菇蝇)

1. 为害

主要为害双孢蘑菇、凤尾菇、平菇、银耳、木耳和杯蕈等。

2. 防治

同菌蚊,接种后关好门窗,以防成虫飞入菇房内繁殖为害。

(四)食菌大果蝇

1. 为害

主要发生于蘑菇、平菇、银耳、木耳等,幼虫取食菌丝体和子实体,当为害木耳类时可造成流耳。

2. 防治

①同菌蚊;②可在菇房悬挂敌敌畏药液布条,击倒果蝇;③可用酒:糖:醋:水=1:2:3:4 加几滴敌敌畏进行诱杀。

(五)星狄夜蛾

1. 为害

主要是幼虫取食菌丝和子实体,并排出大量粪便,影响菌丝生长扭结,污染菇体,降低品质。

2. 防治

安装纱门纱窗,可用 20% 速灭杀丁或菊酯类 5 000~8 000 倍液喷杀。

(六)跳虫

1.为害

主要是取食菌丝,有时也钻蛀子实体,降低商品价值。

2.防治

可用 0.1%的鱼藤精或 1:(150~200)除虫菊喷洒。

(七)螨类(菌虱、红蜘蛛)

1.为害

能为害所有食用菌,主要是咬断菌丝,咬食小菇蕾,也可直接为害子实体,并能使人全身奇痒难忍,产生过敏反应。

2.防治

①菇房彻底消毒,杜绝虫源;②停止出菇管理,用敌敌畏密闭熏蒸菇房;③可用 1 500 倍液菊乐合酯喷杀。

(八)线虫

1.为害

主要是咬食菌丝体,为其他病虫害的入侵创造条件,诱发各种病虫害交叉感染。

2.防治

①可用蒸汽、培养料堆温、热水浸泡来杀灭线虫;②使用清洁水源,可在水中加入适量明矾净化水质;③药剂可用 1:500 倍马拉松乳液喷杀。

参 考 文 献

[1]向朝阳.农业职业技能开发实务教程 ,农业部职业技能鉴定指导中心,2007

[2]康源春,贾春玲.食用菌高效生产技术.郑州:中原农民出版社,2008

[3]张桂香.食用菌高产栽培技术.兰州:甘肃文化出版社,2008

[4]李晓明.珍稀食用菌栽培新技术.咸阳:西北农林科技大学出版社,2006

[5]王建华.食用菌栽培指南.北京:中国农业科学技术出版社,2006

[6]毕建国,王志军.食用菌制种技术.郑州:中原农民出版社,2005

[7]方芳.食用菌标准化生产实用新技术疑难解答.北京:中国农业出版社,2011

[8]李法权,李泽明.名优食用菌无公害高产栽培技术.上海:上海科学技术出版社,2011

[9]王世东.食用菌.北京:中国农业大学出版社,2010

[10]崔颂英.食用菌生产与加工.北京:中国农业大学出版社,2007

[11]王德芝.食用菌生产技术.北京:中国轻工业出版社,2007